世界博物学经典图谱

亚洲鸟类

（上）

［英］约翰·古尔德 著
John Gould

宋刚 贺鹏 张瑞莹 李思琪 赵敏 编

中国青年出版社

总序：
博物图谱——死去的学科与活着的文化

博物志或博物学，西方传统叫“Natural History”，意即对自然的描述和研究。早在古希腊时代，就已经出现了具有学科特点的博物学研究，例如亚里士多德就曾依照一种目的论观念描述了世界的构成和自然万物的秩序，尤其他的动物志研究，可谓博物学的滥觞之作。接着，亚里士多德的学生泰奥弗拉斯托斯将分类原则引入植物的描述，依照植物的形态学或繁殖模式来界定植物类别，成为“植物学之父”。再接着是古罗马作家老普林尼卷帙浩繁的《自然史》，在这部百科全书式的著作中，老普林尼建立了一个无所不包的“自然史”，从自然世界的矿物学、植物学和动物学到人造世界的冶金学和艺术，全都囊括其中。

然而，在西方，博物学作为一门学科的真正兴盛开始于16世纪。要了解这一过程，有几个背景值得关注。

16世纪是欧洲文艺复兴走向鼎盛的时代。文艺复兴的核心主题就是人的发现和自然的发现，它本质上就是要求用人自己的目光重新打量人的世界和自然世界，并且是在古典学术的理性原则引导下进行的。于是，伴随着古典学术的复兴，从亚里士多德到老普林尼的关于自然的知识重新被发现，对自然及其秩序的“再现”成为了时代的一种文化冲动。

16世纪还是宗教改革的时代。1517年马丁·路德发起的宗教改革是继文艺复兴之后对近代欧洲产生了巨大影响的一次思想文化运动，它实际上是基督教信仰的世俗化，是对中世纪以来基督教传统确立的世界秩序的一次去魅。正是这样的去魅，使自然可以如其本然地出现在人的面前——虽然人们并没有因此完全否定或抛弃自然作为神圣之见证的一面。

16世纪还是地理大探险的时代。伴随着达·伽马和哥伦布在海上的探险航行，西方揭开了向全球拓殖的序幕。来自海外与殖民地的奇珍异物不仅激发了人们对新奇事物和财富积聚的热情，也要求人们在古典知识体系的基础上重新配置物的世界，将未知之物纳入可理解的物体系中。尤其是，在这种配置中，物的世界重新被象征化——王朝的帝国想象，贵族和资本家对财富的贪欲，市民阶级对自由的世界市场的渴望，还有工商业城市的迅速崛起，以及伴随海外拓殖而形成的以欧洲为中心的世界主义观念——这一切都可以通过对物体系的重新表征而获得确认。

16世纪也是科学革命的时代。16—17世纪的科学革命是基于经验观察和数学分析的知识革命，是人类用理性之光照亮自然的秩序，也是人类知识冲动向自然深处的强力挺进，为此科学家们不仅发明了远望星空的望远镜，也发明了窥探物质内部结构的显微镜。1665年，英国皇家学会会员、著名物理学家罗伯特·胡克在《微观画集》里揭示了显微镜观察下的软木切片中微小蜂房状的空腔，并名之为“细胞”。物质的微观结构由此获得了切近的可见性，这极大地影响了人类对自然知识的重新配置。

上面这些背景与博物学的自然知识建构交错纠缠在一起，催生了博物学研究的新时代。实际上，在这些看似各自独立的背景事件中，有一个东西构成了它们的链接点，那就是“物体系”的建立，即人们遵循一定的逻辑或原则对自然万物进行分类、命名和描述，博物学正是这种建构“物体系”的技术。但另一方面，也正是这些事件的共时态并置，正是它们之间的互动和影响，使得博物学对自然知识的建构远不止是单纯的科学行为，而是同时在其中混杂和嵌入了时代的权力意志，例如殖民主义和国家主义的意识形态诉求。其中最典型的就是宫廷及贵族对奇珍异物的收藏热情，那些收藏品不仅自身是财富，同时还是财富的象征物，是国家或家族的经济实力和政治实力的见证物。博物学对这类物品的描述就属于这种意识形态运作的一部分。

其实，在博物学朝向学科发展的过程中，还有一个东西发挥了至关重要的作用，那就是印刷术。近代铅活字印刷术发明于15世纪中期，很快地，西方人就将它用于印制《圣经》和各种手册性的、类似于现在的教材的知识普及读物。由于这个时候能够进行文字阅读的人很少，所以那些普及读物常常要配上插图，图文书就这样在宫廷和社会上流行开来。当16世纪博物学走向兴盛的时候，自然而然借用了这种图文并茂的形式。这就是现今所谓的“博物图谱”。

早期图文书在图文关系的处理上不外乎两种形式：或以文字为主，或以插图为主。一般来说，《圣经》或祈祷书都以文字为主，而知识普及性质的书籍多以插图为主。16世纪的博物学著作基本属于后一种，某种意义上说，那时的博物志就是自然图像志。例如德国植物学三巨头莱昂哈特·福克斯、奥托·布伦菲尔斯和希耶罗尼姆斯·博克的植物图谱，意大利博物学家乌利塞·阿尔德罗万迪的动物图谱，都是以插图——水彩或版画——附带文字，它们不仅是近代博物学的奠基之作，也为博物图谱确立了基本的格式。

博物学不只是对物的收集和描述，其最根本的任务是“物体系”的建立，即按照一定的分类学原则来建立物世界的“本然”秩序。所以在博物学的物体系再现中，每个物在象征轴上的意义层面被悬置，物被置于同类的相邻物的关系中得到界定，物和物之间是一种毗邻关系，这一关系导致物的识别变得尤为重要。博物学著作采用图谱形式很大程度上就是为了方便人们快速地记忆和精确地识别。因此，博物图谱与作为高级艺术的绘画在物的再现上存在明显的差异：前者强调的是对物种外观的忠实再现，文字部分一般是标示物种的名称、别称、拉丁名、生长地或产地等，药用植物图谱还会标示出物的用途。正是基于这样的功能要求，博物图谱在物的再现上常常采用一种“立体”图示法，例如植物图谱不仅会画出一株植物的根茎，还会同时画出它的花和果，乃至它的“死亡”，以显示我们对物的自然状态的客观观察。

到19世纪中叶，随着体系化的现代科学知识的完善，西方博物学作为一门学科已经走到了它的尽头，它的任务被各个分支科学所取代。但其存在的价值和活力仍在另一个方面延续了一段时间，那就是殖民主义事业。那时的许多博物学家也是探险家，他们的脚步紧跟着帝国殖民的推进。例如鸦片战争之前，就有英国博物学家或他们的代理在广州进行动植物标本采集；鸦片战争之后，他们的足迹逐渐深入到内地。那时，收集动植物标本的数量毕竟有限，长时间的保存更是不易，所以雇佣画工用图画形式描绘标本就成为最常用的手段，其中最具代表性的是东印度公司的茶叶监督员里夫斯，他不仅为英国博物学家约瑟夫·班克斯及园艺学会采集、输送了上千种植物标本，还请人绘制了上千幅动植物图画。然而，如同博物学随着现代科学的出现而走向没落一样，手绘博物图谱也随着摄影术的发明而走向了终结。在今天，除科学史家以外，很少有人会从学科的角度关注博物学和博物图谱，它们已经成为一种文化遗存，是人类认识和再现自然的总体文化史的重要部分。

作为一种文化史，博物图谱不仅涉及时代的知识分类和对象描述，还涉及时代的图绘技术和印刷技术，它们以最为直观的可见形式保存了各个时代文化及文明的印痕，它们就像文明的密码，需要我们用文化的视角去解读。而这也正是今天去阅读这些图谱时应当采取的态度。

正是基于这样一种特殊的知识考古学热情，中国青年出版社策划出版了这个“世界博物学经典图谱”系列丛书，其中选取了多位博物学家的作品。这些博物学家中的一些在博物学的发展过程中可能算不上鼎鼎大名，因而他们本人及其作品一直被尘封而不为人知。但是，他们编辑制作的博物图谱技艺精湛，富有浓重的装饰风格，在趣味性、知识性和欣赏性的结合上堪称上乘。特别是，由于受到解剖学和实证主义的影响，这些插图十分讲究植物肌理的呈现，文字描述很少含有想象或虚构的成分（这是传统博物图谱的一个重要特征）。那些植物或花卉以其自有的方式呈现着，每一个都构成了自足的整体，而在那些文字、笔触、肌理分析和印制工艺中，我们也能够明确感知到时代的印痕，它们就像站在远处向我们凝望的历史，只要你有一双历史的慧眼，就可以解读到掩藏在里面的讯息。

中国人民大学哲学院　吴琼

2015年 夏

前　言

近代自然科学起步于博物学，早期的博物学家，如布丰、林奈、居维叶、拉马克、华莱士、法布尔等，都是通过对自然界动植物的细致观察、准确描记、分类归纳和慎密推理，思考生命的本源，进而一步步揭示了自然界的规律。随着大航海时代的到来和工业革命的兴起，人类探索自然的能力较铁器时代有了质的飞跃。那个时代的博物学家是无比幸运的，难以计数的植物、两栖爬虫和鸟兽在美洲新大陆、亚马逊雨林、婆罗洲秘境和喜马拉雅山麓中被陆续发现。光怪陆离的生物形态和千姿百态的生活方式极大地激发了博物学家们对大自然不可遏制的探索热情。

鸟类学是博物学研究的重要组成部分。近现代鸟类学的发展，不仅使我们从鸟类的解剖结构初步了解到鸟类飞翔的原理，还让我们了解到更多的鸟类特征及其演化历史，比如鸟类的羽毛起源、迁徙特征、鸟类与爬行类的亲缘与演化关系等等。其中一个突出的经典案例，就是达尔文在环球航行途中，在加拉帕戈斯群岛上发现了一些喙形明显分化而其他形态行为特征近似的雀类（达尔文地雀），从而启发了他的“物种不是不可改变的”进化论思想的诞生。

在鸟类物种的研究和记述中，除了在自然哲学思想方面做出卓越贡献的达尔文、华莱士等，我们还应铭记约翰·古尔德对鸟类学发展的贡献。约翰·古尔德（John Gould，1804–1881）是19世纪英国著名的鸟类学家和鸟类艺术家，他对达尔文地雀的分类研究直接启发并丰富了达尔文的物种起源论。他还撰写了许多科学论文，是多个鸟类物种的定名人。古尔德一生出版了很多关于世界各地鸟类的书籍，如《大不列颠鸟类》、《欧洲鸟类》、《澳洲鸟类》、《巴布新几内亚鸟类》、《亚洲鸟类》等。此外，他还是一名收藏家，收集了大量的蜂鸟和澳洲哺乳动物标本。而在古尔德一生灿烂的科学成就中，最负盛名的还是他的鸟类图集，它们被令人惊为艺术奇珍，誉为奥杜邦之后最为伟大的科学绘画作品。

在古尔德的所有鸟类图集中，《亚洲鸟类》（Birds of Asia）是一部较为典型的著作。原书共7卷，包含约530幅彩色艳丽的鸟类插图。其中鸟类的分布范围涵盖了中亚、南亚次大陆、中国、东南半岛、马来群岛和菲律宾群岛。原书自1850年问世，直至1883年才完成，出版时间长达33年。在古尔德去世后（1881年），由英国动物学家理查德·包沃德·夏普（Richard Bowdler Sharpe）继续完成了编辑整理。作为一本科学图集，古尔德着重于写实的画风，忠实体现了每种鸟类的体型和羽毛颜色的鉴别特征。同时，画中的鸟类以相应植物为映衬，反映了物种的生存环境和生态类型。

古尔德对鸟类形态、羽色的准确描绘，不但体现了其重要的科学价值，同时也极具艺术观赏价值。可以说，古尔德、奥杜邦等鸟类学家的鸟类巨著，对欧美国家的鸟类研究和观鸟运动的兴起和发展产生了深远的影响。

中国青年出版社此次出版的《亚洲鸟类》收录了原书中的全部插图，合为3卷，并按“目”进行了重新编排，其中包括鸡形目、雁形目、鸽形目、隼形目、雀形目等21目的鸟类物种。由我的学生们为每一幅图编写了相应的文字解说。他们查阅了很多国内外的相关资料，确证了书中所有鸟类的中文名，并对每种鸟的体型、外形特征、分布范围、栖息环境、食性甚至叫声等都进行了较为详尽的补充描述。由于古尔德原书是在19世纪所著，其中很多鸟类的拉丁名及英文名在今天都已不再沿用，他们对这些做了相应的修订，采用了最新的鸟类英文名及拉丁名，以方便读者查阅。希望在我们的共同努力下，让这套19世纪的博物学经典在发挥其美学价值的同时，又不失实用价值。

鸟类是自然生态系统中的重要组成部分，爱护它们，就是爱护我们自己。

爱护鸟类，就需要了解鸟类；了解了鸟类，我们才能更好地保护它们。

当代的鸟类学研究已经远远超出了对某个物种的记录和描述，分子生物学、基因组学、生物信息学、大数据分析已经广泛应用在鸟类学研究的多个层面。然而对于一本关于鸟类学的科普读物来讲，更重要的功能是能够使读者潜移默化地感受到鸟类的可爱和美丽，生命的珍贵与神奇，激发人们爱鸟、护鸟以及探索鸟类的激情。今天借此重新推出约翰·古尔德《亚洲鸟类》之际，我衷心地希望读者们能够喜爱这本书，能够为看到并拥有这本书而惊喜。在闲暇之余，与爱人和孩子一起翻开此书，欣赏书中鸟儿精美的身姿，了解关于它们的形态、分布与生态习性，体会当年博物学家们在丛林山谷中第一次看到它们时的那种惊叹与狂喜，培养爱护鸟类和欣赏鸟类的高尚情趣！近年来，随着我国经济的腾飞和人民生活水平的提高，我国的鸟类学研究在世界鸟类学研究中已经占据重要地位，民间的观鸟运动也蓬勃兴起，希望日后能够陆续推出我们自己的经典图册。

中国科学院动物研究所研究员　雷富民

2016年 秋于北京

目　录

戴胜目

咬鹃目

鹦形目

䴕形目

鹰形目

ACCIPITRIFORMES

1. 黑兀鹫

Red-headed Vulture（*Sarcogyps calvus*）

黑兀鹫隶属于鹰形目鹰科。体长76–86厘米，翼展199–229厘米，属中等体型。通体黑色。成鸟红色的头小且较细长，脚亦为红色；飞羽基部具有浅灰色的条带。飞行时，能看见其胁部和胸部明显的白斑，翅下的条带也十分特别。主要分布于印度次大陆东部及中南半岛等地。喜开阔乡野、半荒漠、农田、稀树草原、海滩等多种生境。通常以腐肉为食，有时也会掠夺其他鹫类的食物。近些年来，黑兀鹫的数目急速下降，已被列为极度濒危物种。

2. 白背兀鹫

White-rumped Vulture（*Gyps bengalensis*）

白背兀鹫隶属于鹰形目鹰科。体长76–93厘米，翼展205–220厘米，属于中等体型。通体黑色。成鸟头部肉棕色，下背部白色，翅下覆羽为明显的白色；幼鸟通体深棕色。主要分布于印度及其周边国家。与人类活动具有密切关系，常集大群活动于城镇及其周边开阔地，特别是垃圾堆和屠宰场。它们仅以腐肉为食，特别是牲畜的尸体，且常与其他鹫类或乌鸦、野狗等腐食者为伍进食。其数目在近年急剧下降，已被列为极度濒危物种。数量下降的主要原因是它们取食了被双氯芬酸治疗过的牲畜的尸体。

- 5 -

3. 苏拉蛇雕

Sulawesi Serpent Eagle（*Spilornis rufipectus*）

苏拉蛇雕隶属于鹰形目鹰科。成鸟体长41–54厘米，翼展105–120厘米，属于中等体型的蛇雕。成鸟头部黑色，腹部和两肋布满横纹，雌雄形态相似，但雌鸟一般体型较大；而亚成鸟则与成鸟不同，脸部有黑色眼罩，头部及下体奶白色，具有黑色条纹。分布于印度尼西亚的苏拉威西岛及其附近岛屿。常在开阔的草地及次生林地捕食蜥蜴、小型蛇类及啮齿类等。苏拉蛇雕与其近缘种蛇雕（*Spilornis cheela*）相似，喜好鸣唱，繁殖期时，常一边鸣唱一边在高空中盘旋。

4. 马来鹰雕

Blyth's Hawk-eagle（*Nisaetus alboniger*）

马来鹰雕隶属于鹰形目鹰科。体长50–58厘米，翼展100–115厘米，属于中小型的鹰雕。马来鹰雕较之同属的其他鹰雕，具有相当长的冠羽，体色也更黑。成鸟上体棕黑色，喉部白色具有中央黑条纹，下体其他部位白色，胸部上具有浓重的黑色纵纹，腹部、两胁及腿部具有浓密的黑色横纹；幼鸟通体色浅，头部棕黄色，下体浅皮黄色。分布于泰国南部、马来半岛、苏门答腊岛及周边各小岛、婆罗洲。喜爱山地常绿原始林。以树栖哺乳类、蝙蝠、鸟类、蜥蜴等为食。

5. 黑鸢（*govinda* 亚种）

Black Kite（*Milvus migrans govinda*）

黑鸢（*govinda*亚种）隶属于鹰形目鹰科。体长44–66厘米，翼展120–153厘米。成鸟通体红棕色，尾部棕色，具有轻微的尾叉；幼鸟通常颜色较淡，具有更重的纹理，对比更加明显。分布于巴基斯坦、印度、斯里兰卡、中国云南及中南半岛。喜好生境多样，从半荒漠、草地、稀树草原到林地都有分布，并且常选择林地栖息和筑巢。它们的适应能力较强，与人类的关系也愈加紧密，因而食物十分丰富，从捡食动物尸体、垃圾到猎捕小型哺乳类、鱼类、家禽雏鸟及昆虫等。

6. 黑翅鸢（*hypoleucus* 亚种）

Black-shouldered Kite（*Elanus caeruleus hypoleucus*）

黑翅鸢（*hypoleucus*亚种）隶属于鹰形目鹰科。体长30–37厘米，翼展77–92厘米。黑翅鸢通体白色至浅灰色，肩部羽毛具有大块的黑色，初级飞羽黑色，虹膜为醒目的红色，雌雄两性差异较小。飞行时，其黑白两色对比十分明显。*hypoleucus*亚种分布于菲律宾、大巽他群岛、苏拉威西及其周边岛屿，喜爱开阔的稀树草原和散布有低矮灌丛及树木的草地，也会出现在任何猎物丰富的干旱草原、荒漠或密林间空旷地。它们主要以啮齿类为食，也会捕食蝙蝠、小型鸟类、爬行类及昆虫。

隼形目

FALCONIFORMES

7. 游隼（***peregrinator*** 亚种）

Peregrine Falcon（*Falco peregrinus peregrinator*）

游隼（*peregrinator*亚种）隶属于隼形目隼科。游隼体长35–51厘米，翼展79–114厘米，是一种体型粗壮、尾羽较短的大型隼类，亚种分化较多，形态较为多样。*peregrinator*亚种上体蓝黑色，喉部及前胸色浅，下体棕红色，脸部具有显著的髭纹。分布于巴基斯坦、印度次大陆、斯里兰卡及中国东南部等地。喜好的生境多样。主要以鸟类为食，有时也捕食小型哺乳类及爬行类动物。

8. 游隼（***babylonicus*** 亚种）

Peregrine Falcon（*Falco peregrinus babylonicus*）

游隼（*babylonicus*亚种）隶属于隼形目隼科。游隼体长35–51厘米，翼展79–114厘米，是一种体型粗壮、尾羽较短的大型隼类。亚种分化较多，形态较为多样。*babylonicus*亚种通体较*peregrinator*亚种色浅，上体蓝色，脸部带红色且纹理反差较小，下体色浅。分布于亚洲中部、伊朗东部及蒙古。喜好的生境多样。主要以鸟类为食，有时也捕食小型哺乳类及爬行类动物。有的分类系统也将其视作另一个种，即拟游隼（*Falco pelegrinoides*）的*babylonicus*亚种。

9. 猎隼

Saker Falcon（*Falco cherrug*）

猎隼隶属于隼形目隼科。体长45–57厘米，翼展97–126厘米，是一种大型的力量型隼。种内羽色多变。上体棕色，顶冠白色至棕色，具有暗色条纹；下体色浅，密布暗色纹路。幼鸟较成鸟通常颜色更暗，纹路更重。广泛分布于中欧、北非、印度北部、中亚至蒙古及中国。喜好生活在有石壁、悬崖和峡谷的干旱或半干旱的草地、稀树草原，以及开阔林地。主要以小型哺乳动物为食，特别是啮齿类和兔类。

10. 地中海隼

Lanner Falcon（*Falco biarmicus*）

地中海隼隶属于隼形目隼科。体长39–48厘米，翼展88–113厘米，属于体型较大的隼。上体蓝灰色或棕灰色，下体色浅；前胸及腹部多具黑色斑点，两胁及腿部具有黑色条纹及斑点；前额色浅，顶冠前端蓝灰色，后端及枕部棕红色。分布于地中海沿岸及非洲大部。喜爱在石壁、悬崖或峡谷附近的开阔地或有少量树木的林地捕食。主要以小型鸟类为食，特别是鹌鹑和鸠鸽类，也会取食啮齿类、蝙蝠、蜥蜴和昆虫等。

- 23 -

11. 印度猎隼

Laggar Falcon（*Falco jugger*）

印度猎隼隶属于隼形目隼科。体长39–46厘米，翼展88–107厘米，是一种体型修长、翅膀和尾部较长的大型隼。成鸟头顶及枕部从白色至锈红色至棕红色，脸部具有长且黑的显著髭纹，眉纹白色，上体棕灰色，下体白色，两肋及腹部具有暗色斑纹；幼鸟上体为均一的棕黑色，顶冠、枕部、眼先及脸颊较成体颜色偏棕。分布于巴基斯坦东部、印度大部、尼泊尔、孟加拉国及缅甸。喜好干旱及半干旱的开阔地区，包括干旱林地、农田、村庄等。多以雀形目鸟类为食，也取食鸠鸽类和鸡类，同时也捕食小型哺乳类、蜥蜴、昆虫等。

12. 红脚隼

Amur Falcon（*Falco amurensis*）

红脚隼隶属于隼形目隼科。体长28–30厘米，翼展63–71厘米。雄鸟通体大部为蓝灰色，下腹部、尾下覆羽、腿部及脚为醒目的栗红色，喙上蜡膜及眼圈为红色；雌鸟头顶及枕部灰色，下体白色，密布黑色斑点，红色区域较雄鸟小且色浅，尾部具有横纹。繁殖于西伯利亚东南部、蒙古东北部、中国东北部及朝鲜北部，越冬于非洲东南部。喜爱开阔林带，也会出现在沼泽地区或林缘。主要以在空中猎捕的昆虫为食，也捕食小型鸟类及两栖类。

鸮形目

STRIGIFORMES

13. 红角鸮

Oriental Scops-owl（*Otus sunia*）

红角鸮隶属于鸮形目鸱鸮科。体长18–21厘米，翼展50.5–52.6厘米，具有棕灰色和棕红色两种色型。虹膜为醒目的黄色，前额密布白色斑点，全身黑色条纹驳杂，肩部具有一道明显的白色条纹。分布于东亚及南亚。喜好针叶林及混交林，在开阔的常绿林里也较为常见，也喜爱河滨林地、公园等。主要以昆虫和蜘蛛为食，也会捕食小型的啮齿类和鸟类。红角鸮繁殖期时常在夜晚鸣叫，叫声为连续重复的三音节，十分有特点。

14. 领鸺鹠

Collared Owlet（*Glaucidium brodiei*）

领鸺鹠隶属于鸮形目鸱鸮科。体长15–17厘米，是一种体型纤小而头部较大的猫头鹰。虹膜亮黄色。上体浅褐色密布暗色横纹，头顶淡黄色，具有白色小斑点，眉纹白色或浅皮黄色；下体白色，具有褐色斑纹，后颈部具有黑色和黄褐色的假眼。分布于喜马拉雅山区、中国南方大部、中南半岛、马来半岛、苏门答腊岛、婆罗洲等地。喜开阔的山区林缘及灌丛。以小型鸟类、昆虫、啮齿类和爬行类等为食。它的叫声为十分有特点的四音节哨音，似“hu，hu–hu，hu”，此叫声常能招引来小型鸣禽的围攻。

15. 白领林鸮

Mottled Wood Owl（*Strix ocellata*）

白领林鸮隶属于鸮形目鸱鸮科。体长40–48厘米。上体灰色，色泽驳杂，并点缀有棕红色、黑色、白色及黄色蠕虫状的斑纹；下体白色，密布黑色窄横纹；脸盘白色，具有同心圆状的黑色环纹，并有橙黄色驳杂其中；虹膜棕色；嘴黑色。主要分布于印度及其周边地区。喜低地村庄或农田附近的平原林地、红树林和榕树林等。以啮齿类、鸟类、螃蟹、蜥蜴以及大型昆虫为食。

16. 栗鸮

Oriental Bay Owl（*Phodilus badius*）

栗鸮隶属于鸮形目草鸮科。体长23–29厘米，是一种腿和翅膀都相当短且耳羽簇也较短的小型猫头鹰。上体栗色，点缀有金色的斑点，翅上具有黑色斑纹；面盘方形，淡灰粉色；下体皮黄偏粉色，具有黑色斑点；眼睛大，呈黑色或暗棕色；喙奶油黄色或粉色。分布于中国西南及海南岛、中南半岛、马来半岛、苏门答腊岛等地。喜常绿及落叶混交林，也会出现于红树林的近陆边缘。以小型哺乳动物（蝙蝠、啮齿类等）、鸟类、蜥蜴、蛇、蛙和大型昆虫等为食。

17. 仓鸮（*stertens* 亚种）

Common Barn Owl（*Tyto alba stertens*）

仓鸮（*stertens*亚种）隶属于鸮形目草鸮科。体长29–44厘米，是一种分布广泛、亚种分化较多的猫头鹰。上体金黄色，但色浅偏灰，密布细纹；面盘颜色偏白，虹膜暗色，喙粉色；下体浅黄色，多具小斑点。分布于印度次大陆、斯里兰卡、中国、越南和泰国等地。偏好的生境多样，与其捕食的猎物相关，且在不同地区具有不同的食物组成，但多以小型哺乳类及鸟类为食。飞行时两腿悬坠，速度慢，似漂浮物一般。

18. 草鸮

Eastern Grass Owl（*Tyto longimembris*）

草鸮隶属于鸮形目草鸮科。雄鸟体长32–36厘米，雌鸟体长35–38厘米，是一种中等体型的草鸮，且具有较多样的羽色。雄鸟上体暗棕色和金黄色，并具有白色斑点；面盘和下体为反差明显的白色，带有淡淡的橙黄色，且具有稀疏的黑色斑点；飞羽和尾羽上都具有黑色条纹。雌鸟似雄鸟，有时面部和下体颜色偏暗。分布于中国、中南半岛、菲律宾、新几内亚和澳大利亚等地区。喜好深草林、开阔草地、稀树草原和沼泽等生境。在某些地区主要以啮齿类为食，也会捕食爬行类、蛙、大型昆虫以及三趾鹑等地栖性鸟类。

夜鹰目

CAPRIMULGIFORMES

19. 塞氏夜鹰

Sykes's Nightjar（*Caprimulgus mahrattensis*）

塞氏夜鹰隶属于夜鹰目夜鹰科。体长22–24厘米。两性羽色稍有不同，但大体相似。上体沙石灰色，密布棕黑色斑点，具有不醒目的黄色眼圈，喉部具有白色斑块；下体沙石灰色，具有色浅的棕色横纹，横纹到腹部和胁部逐渐变为皮黄色；最外三片初级飞羽上都具有白斑，飞行时甚为明显。分布于阿富汗、巴基斯坦和印度等地。喜好散布荆棘灌丛的半干旱沙漠，也会出现于干旱的石滩灌丛地。主要以蛾类、甲虫等昆虫为食。

雨燕目

APODIFORMES

20. 棕雨燕

Asian Palm-swift（*Cypsiurus balasiensis*）

棕雨燕隶属于雨燕目雨燕科。体长约13厘米，是一种翅膀狭长、叉尾较长的小型雨燕。上体棕灰色，腰的颜色略浅；下体浅灰色，喉部无纵纹，翅下覆羽颜色稍深。广泛分布于东南亚各地。依赖于棕榈树筑巢，但在有的地区，它们也会在房檐下筑巢。常在红树林或稻田上捕食昆虫（蚊蝇类、蜂类和甲虫等）。

21. 凤头树燕

Crested Treeswift（*Hemiprocne coronata*）

凤头树燕隶属于雨燕目凤头树燕科。体长23–25厘米。成鸟具有蓝绿色的2.5–3厘米高的羽冠。雄鸟上体为均一的灰绿色，眼先黑色，眉纹白色，脸颊红色，翅上覆羽黑绿色，翅下覆羽浅灰色，与下体的浅灰色一致；雌鸟脸颊上无红色，耳羽及脸颊黑色，且具有一条白色下颊纹。分布于印度、斯里兰卡、中南半岛、中国等地。喜好树林以及林缘和林冠开阔处，多为或全为针叶林。主要以飞行的昆虫为食。临近黄昏时刻，凤头树燕常集小群，十分活跃。

22. 灰腰树燕（***longipennis*** 亚种）

Grey-rumped Treeswift（*Hemiprocne longipennis longipennis*）

灰腰树燕（*longipennis*亚种）隶属于雨燕目凤头树燕科。体长21–25厘米。前额具有醒目的暗色羽冠。雄鸟具有红色的耳羽，脸部其他部位黑色，上体从背部到腰部为灰绿色，腰部浅灰色，其余部位为辉蓝色或黑绿色，下体为均一的浅灰绿色，腹部及尾下覆羽为反差大的白色；雌鸟似雄鸟，但耳羽为深绿色。分布于爪哇、龙目岛及康厄安群岛。喜高大的树林、林缘及林冠开阔处，多为内陆连绵的半常绿或常绿林。以飞行昆虫为食。

23. 灰腰树燕（*wallacii* 亚种）

Grey-rumped Treeswift（*Hemiprocne longipennis wallacii*）

灰腰树燕（*wallacii*亚种）隶属于雨燕目凤头树燕科。体长21–25厘米。前额具有醒目的暗色羽冠。雄鸟具有红色的耳羽，脸部其他部位黑色，上体从背部到腰部为灰绿色，腰部浅灰色，其余部位为辉蓝色或黑绿色，下体为均一的浅灰绿色，腹部及尾下覆羽为反差大的白色；雌鸟似雄鸟，但耳羽为深绿色。分布于苏拉威西岛和苏拉群岛。喜高大的树林、林缘及林冠开阔处，多为内陆连绵的半常绿或常绿林。以飞行昆虫为食。

24. 须凤头树燕

Moustached Treeswift（*Hemiprocne mystacea*）

须凤头树燕隶属于雨燕目凤头树燕科。体长28–31厘米。仅具有较小的前额羽冠。雄鸟脸部具有两条粗的白色面须，与黑色的脸颊及顶冠形成鲜明对比，耳羽下部为栗色，身体其他部位为蓝灰色，下体色浅，从腹部中央至尾下覆羽通常为白色；雌鸟与雄鸟的区别仅在于耳羽下部为深黑绿色。分布于新几内亚岛及周边小岛屿，不与其他任何树燕同域分布。喜好红树林和滩涂林地高突的树冠层。主要在晨昏时分捕食飞行的昆虫。

25. 小须凤头树燕

Whiskered Treeswift（*Hemiprocne comata*）

小须凤头树燕隶属于雨燕目凤头树燕科。体长15–17厘米。仅具有较小的前额羽冠。雄鸟具有十分醒目的白色眉须和下颊须，通体大部分为深铜色，头顶冠、颈部及翅膀蓝色泛绿色光泽，三级飞羽上具有白色斑块，耳羽下部为深栗色；雌鸟似雄鸟，但耳羽下部为深蓝绿色。分布于缅甸、马来半岛、婆罗洲、菲律宾等地，与灰腰树燕的分布大面积重叠。喜好内陆常绿林和高大的红树林的林冠及林冠间隙。以小型的飞行昆虫为食。

佛法僧目

CORACIIFORMES

26. 黑胸蜂虎

Chestnut-headed Bee-eater（*Merops leschenaulti*）

黑胸蜂虎隶属于佛法僧目蜂虎科。体长约20厘米，是一种羽色鲜明、翼长但缺少长中央尾羽的小型蜂虎。顶冠和上背部红棕色，翅膀绿色且翼缘具有黑色横带，腰蓝色，尾羽蓝绿色，颏、脸颊和喉部黄色，过眼纹黑色，喉下部为棕红色且具有黑色的细领纹，胸上部黄色、下部绿色，腹部蓝绿色，尾下覆羽则更蓝。分布于中南半岛、印度、斯里兰卡、苏门答腊岛等地。喜好多林乡村的开阔地带，也会光顾种植园、河畔、海滨、山丘等环境。以蜜蜂、黄蜂、蚂蚁、蜻蜓等昆虫为食。

27. 绿喉蜂虎

Asian Green Bee-eater（*Merops orientalis*）

绿喉蜂虎隶属于佛法僧目蜂虎科。体长16–18厘米，具有长可达10厘米的中央尾丝带，是一种体型娇小而尾长的蜂虎。通体铜绿色，顶冠和后颈部绿色泛金色，过眼纹黑色，脸颊、颏、喉部为蓝色，且具有黑色细领纹，翼缘黑色，尾下侧为灰色。分布于伊朗、印度、孟加拉国、斯里兰卡、中南半岛及中国云南等地。喜好裸露土地或具有稀疏树木的干旱草地。主要以蜂类为食，也会捕食甲虫、白蚁、蛾类等昆虫。

28. 栗喉蜂虎

Blue-tailed Bee-eater（*Merops philippinus*）

栗喉蜂虎隶属于佛法僧目蜂虎科。体长约29厘米，其中包含长达7厘米的中央尾丝带。上体绿色，腰和尾羽蓝色；具有较宽的黑色过眼纹，过眼纹下为一道窄的蓝色细纹，通常过眼纹上也会有一道蓝色细纹；颏黄色，喉部和脸颊红褐色；下体绿色，尾下覆羽蓝色。分布于巴基斯坦、印度、尼泊尔、斯里兰卡、中南半岛、马来半岛、印尼群岛、菲律宾群岛等地。喜好近水的各种乡村生境，也会出现在红树林、潮汐河口、林缘、密林开阔地等环境。以蜜蜂、黄蜂、蚊蝇、蝶蛾等昆虫为食。

29. 蓝须夜蜂虎

Blue-bearded Bee-eater（*Nyctyornis athertoni*）

蓝须夜蜂虎隶属于佛法僧目蜂虎科。体长31–35厘米，是一种羽色十分鲜明易辨识的大型蜂虎。前额蓝色，喉部的深蓝色羽毛长且宽，形成向下悬垂的胡须，并由羽毛根部至尖端渐变成为蓝色；上体蓝色，下体深黄色且密布宽的绿色纵纹。分布于印度、中南半岛以及中国的云南、广西和海南等地。喜好山脚沟壑纵横的湿润落叶林及次生常绿密林的中层。主要以飞行的昆虫为食，特别是蜜蜂、木蜂、黄蜂、大型甲虫、蜻蜓等。

30. 赤须夜蜂虎

Red-bearded Bee-eater（*Nyctyornis amictus*）

赤须夜蜂虎隶属于佛法僧目蜂虎科。体长27–31厘米。雄鸟上体绿色，下体为浅绿色；顶冠为极具珍珠般光泽的紫色，紫色羽毛基部为黄色或红色；嘴基部具有淡蓝色羽毛；喉部的羽毛长且宽，根部灰色以及深橄榄绿色，尖端为红色，且向下悬垂似浓密的胡须；尾羽上部为绿色，下部为黄色，端部黑色。雌鸟似雄鸟，但是顶冠的紫色部位较小，前额为红色，后顶冠为绿色。分布于马来半岛、苏门答腊岛、婆罗洲等地。喜好低地常绿及龙脑香科树混交林的林冠中下层。以飞行的昆虫为食，如黄蜂、木蜂、蝉、甲虫等。

31. 须蜂虎

Purple-bearded Bee-eater（*Meropogon forsteni*）

须蜂虎隶属于佛法僧目蜂虎科。体长25–26厘米，包含长可达6厘米的中央尾丝带。前额和顶冠黑色，羽毛具有深蓝色的边缘，耳羽、枕部和颈侧为深棕色，紫色的喉部羽毛长且宽，层叠在胸前，且不下垂。上体和翅膀绿色，翅膀较短；下腹部为深棕色，中央两根尾羽全为绿色，并延伸成为细长的尾丝带，其他尾羽均为红且边缘或尖端绿色，尾羽下部为红色。仅分布于苏拉威西岛。喜好原始森林中的开阔地带。以飞行的昆虫为食，如蜜蜂、黄蜂、甲虫、蜻蜓等。

32. 蓝顶翡翠

Blue-capped Kingfisher（*Actenoides hombroni*）

蓝顶翡翠隶属于佛法僧目翠鸟科。体长约27厘米，雌雄两性羽色异型。雄鸟具有紫蓝色的顶冠和髭纹，耳羽棕红色，背部和翅上覆羽为湖蓝色且密布黄色斑点，腰部蓝色，尾羽深紫蓝色，颏及喉部为白色，下体棕红色，大而厚实的嘴红色；雌鸟顶冠和髭纹的色彩较黯淡，且为绿色，翅上覆羽及背部也为橄榄绿色，尾羽绿蓝色。分布于菲律宾东南部。喜好原生的热带雨林、山地苔藓森林等。以昆虫为食，如蚱蜢、蝗虫、甲虫等，也捕食蜗牛、蛙、小型爬行类及鱼类。

33. 斑林翡翠

Spotted Kingfisher（*Actenoides lindsayi*）

斑林翡翠隶属于佛法僧目翠鸟科。体长约26厘米，是一种羽色十分鲜明、雌雄异型的翠鸟。雄鸟具有深绿色的顶冠且密布黑色斑点，眉纹淡蓝色，并且眉纹上方具有浅绿色条纹，过眼纹黑色，眼先、脸颊、颈环和喉部棕红色，髭纹为显著蓝色，上体橄榄绿色且具有黄色斑点，腰部绿色，下体白色，具有较大的绿色鳞纹；雌鸟顶冠的绿色较浅，眼先黄色，脸颊、喉部和颈部偏白，髭纹绿色。分布于菲律宾群岛。喜好低地和低矮山地的原生及次生雨林，有时也喜靠近森林的溪流。以甲虫、蜗牛等为食，也会捕食小型的脊椎动物。

34. 栗领翡翠

Rufous-collared Kingfisher（*Actenoides concretus*）

栗领翡翠隶属于佛法僧目翠鸟科。体长23–24厘米，是一种中等体型且壮实的翠鸟。雄鸟顶冠绿色，顶冠后部淡蓝色，黑色过眼纹一直延伸至枕部，颈环棕红色，眉纹前端和脸颊黄色，髭纹、背部、翅膀及尾羽深蓝色，腰部浅蓝色，颏、喉部黄色，胸部和两胁棕红色，腹部颜色较浅，嘴喙黄色，嘴峰黑色；雌鸟的背部和翅膀深橄榄绿色且具有黄色斑点，嘴喙颜色较黯淡。分布于缅甸、马来半岛、苏门答腊岛和婆罗洲。喜好常绿至半常绿的低地密林。以无脊椎动物为食，如蝉、天牛、螳螂、蜘蛛和蝎子等。

35. 白胸翡翠

White-breasted Kingfisher（*Halcyon smyrnensis*）

白胸翡翠隶属于佛法僧目翠鸟科。体长27–28厘米，是一种中等体型、色彩鲜明的翠鸟。头部、两胁及腹部深栗色；喉部、胸部白色；背部、翅膀和尾羽蓝色；翅上小覆羽栗色，中覆羽深蓝色；初级飞羽端部黑色、中部白色、基部蓝色；嘴红色。分布于地中海东部沿岸、伊拉克、巴基斯坦、阿富汗、印度、斯里兰卡、中国南部、中南半岛、马来半岛、苏门答腊岛等地。喜好的生境多样，包括堤坝、池塘、河流、溪流、沼泽、泥滩、海滩等。以昆虫、蜗牛、蟹、鱼类、蜥蜴、蛙等多种动物为食。

36. 白喉翡翠

White-throated Kingfisher（*Halcyon gularis*）

白喉翡翠隶属于佛法僧目翠鸟科，也有的分类系统将其视为白胸翡翠的一个亚种。体长26.5–28厘米。头部、脸颊、背上部、胸部、腹部及翼下覆羽栗色，背部、尾羽和次级飞羽蓝色，翼上覆羽黑色，初级飞羽端部黑色、中部白色、基部蓝色，尾下覆羽黑色，颏及喉部白色，嘴红色。仅分布于菲律宾。喜好低地或山脚的开阔生境，如鱼塘、大溪流或河流、近林的开阔乡村等。以昆虫、鱼类等为食，似白胸翡翠。

37. 蓝翡翠

Black-capped Kingfisher（*Halcyon pileata*）

蓝翡翠隶属于佛法僧目翠鸟科。体长约28厘米，是一种体型中等的翠鸟。头部黑色，胸上部、颈环、喉部及颏白色，嘴红色，上体紫蓝色，尾羽蓝色，尾下覆羽黑色，下体橙红色，初级飞羽黑色且具有白斑，飞行时甚明显。分布于朝鲜、韩国、中国东南大部、印度、中南半岛、马来半岛、菲律宾、苏门答腊岛、婆罗洲等地。在温带地区，喜好近水的落叶林，如河滨林地等；在热带及亚热带地区，则会出现在红树林、海滨林地、水库、河口、水稻田等。以昆虫为食，也会捕食蛙类和爬行类，在海滨地区则主要以鱼类和蟹为食。

38. 白腰翡翠

White-rumped Kingfisher（*Caridonax fulgidus*）

白腰翡翠隶属于佛法僧目翠鸟科。体长约30厘米，是一种羽色十分鲜明且体型较大的翠鸟。头部黑色，上体、翅膀及尾羽蓝黑色，与白色的腰部、下背部和下体形成明显对比，嘴亮红色，虹膜红色，腿及爪橙红色。分布于小巽他群岛的西部和中部各岛。喜好原生或高大的次生雨林，也会出现在季风林、竹林、退化的森林、人工耕种林和有高大树木的村庄等环境。以昆虫及昆虫幼虫为食。

39. 爪哇翡翠

Javan Kingfisher（*Halcyon cyanoventris*）

爪哇翡翠隶属于佛法僧目翠鸟科。体长约27厘米，是一种中等体型、色彩偏暗的翠鸟。通体蓝紫色；头部深暗棕色；颈环和胸部深棕红色；翼上覆羽黑色；飞羽及尾羽蓝绿色；初级飞羽尖端黑色，中部具有白色大斑块，飞行时异常明显；嘴红色。分布于爪哇岛和巴厘岛。喜好的生境多样，如牧场、鱼塘、稻田、干沼泽地、海滨矮树林、红树林、公园等。主要以昆虫为食，也会捕食鱼类、蛙类、虾类、龙虱幼虫等。

40. 黑脸横斑翠鸟

Black-faced Kingfisher（*Lacedo melanops*）

黑脸横斑翠鸟隶属于佛法僧目翠鸟科，也有的分类系统将其视为横斑翠鸟的一个亚种。体长约20厘米，是一种雌雄色型差异较大的小型翠鸟。雄鸟顶冠亮蓝色，且具有黑色和白色的条纹及斑点；前额、脸颊及颈环黑色；上体、翅膀和尾羽黑色和蓝色的横纹交错；颏、喉部及腹部中央白色，下体其余部位淡橙色；嘴红色。雌鸟整个头部和上体都是深棕红色及黑色的横纹交错，下体白色或者皮黄色，胸部和两胁具有细横纹。分布于邦加岛和婆罗洲。喜好低地和山地的龙脑香科树、淡水沼泽林及泥炭沼泽林等生境。以各种昆虫为食，也捕食鱼类、甲壳类和蜥蜴等。

41. 横斑翠鸟（***pulchella*** 亚种）

Banded Kingfisher（*Lacedo pulchella pulchella*）

横斑翠鸟（*pulchella*亚种）隶属于佛法僧目翠鸟科。体长约20厘米，是一种雌雄色型差异较大的小型翠鸟。雄鸟顶冠亮蓝色，且具有黑色和白色的条纹及斑点；前额、脸颊及颈环棕红色；上体、翅膀和尾羽黑色和蓝色的横纹交错；颏、喉部及腹部中央白色，下体其余部位橙黄色；嘴红色，尖部白色。雌鸟整个头部和上体都是棕红色及黑色的横纹交错，下体白色或者皮黄色，胸部和两胁具有细横纹。分布于泰国南部、苏门答腊岛、爪哇岛、纳土纳群岛。喜好低地雨林和竹林、山地森林及泥炭沼泽林等生境。以各种昆虫为食，也捕食鱼类、甲壳类和蜥蜴等。

42. 横斑翠鸟（*amabillis* 亚种）

Banded Kingfisher（*Lacedo pulchella amabillis*）

横斑翠鸟（*amabillis*亚种）隶属于佛法僧目翠鸟科。体长约20厘米，是一种雌雄色型差异较大的小型翠鸟。雄鸟顶冠及后颈亮蓝色，且具有黑色和白色的条纹及斑点；前额、脸颊及半颈环棕红色；上体、翅膀和尾羽黑色和蓝色的横纹交错；颏、喉部及腹部中央白色，下体其余部位橙黄色；嘴红色，尖部白色。雌鸟整个头部和上体都是深棕红色及黑色的横纹交错，下体白色或者皮黄色，胸部和两胁具有细横纹。分布于缅甸、越南、泰国及印度等地。喜好低地雨林和竹林、山地森林及泥炭沼泽林等生境。以各种昆虫为食，也捕食鱼类、甲壳类和蜥蜴等。

43. 披肩笑翠鸟

Spangled Kookaburra（*Dacelo tyro*）

披肩笑翠鸟隶属于佛法僧目翠鸟科。体长约33厘米，是一种体型较大的翠鸟。头部、颈后部和背上部为皮黄色；羽毛边缘为黑色，形成了密布的细小斑纹；背部及肩部黑色；腰及尾上覆羽为亮钴蓝色，尾羽及翅膀蓝黑色，翅上小覆羽及中覆羽为蓝黑色且具有浅蓝色羽外缘；颏及喉部白色，下体其余部位皮黄色；上嘴黑色，下嘴象牙色。分布于阿鲁岛和新几内亚岛。喜好林木较好的干旱稀树草原。以甲虫、蚂蚁、竹节虫等昆虫为食。

44. 斑头大翠鸟

Blyth’s Kingfisher（*Alcedo hercules*）

斑头大翠鸟隶属于佛法僧目翠鸟科。体长约22厘米。头部羽毛黑色且具有辉蓝色的羽尖，因而形成了黑蓝色交错的斑纹；眼先黑色，上方具有黄色的条纹；颈部具有白色斑块，背部至尾上覆羽为亮钴蓝色，尾羽短且为暗蓝色；肩部和翅膀黑绿色，翅上覆羽具有钴蓝色的羽尖；颏及喉部白色，下体大部为棕红色；雄鸟嘴喙黑色，雌鸟下嘴基为橙红色。分布于尼泊尔、缅甸、老挝、越南及中国南部。喜好深山沟中的溪流及小河、多山的村庄和常绿森林。主要以鱼类为食，也会捕食昆虫。

45. 普通翠鸟

Common Kingfisher（*Alcedo atthis*）

普通翠鸟隶属于佛法僧目翠鸟科。体长约16厘米，是一种体型较小的翠鸟，具有较多亚种分化。眼端斑棕红色，过眼纹黑色，耳羽棕红色，颈部具有白色块斑，顶冠、脸颊为蓝、黑色交错的斑纹，上体和尾羽为亮蓝色，翅膀暗蓝绿色且具有淡蓝色斑点，颏及喉部白色，下体棕红色。雄鸟嘴黑色；雌鸟下嘴橙红色，尖端黑色。广泛分布于欧亚大陆、东南亚、印度尼西亚至新几内亚等地。常出现在各种缓慢流动或静止的水环境中。主要以鱼类为食。

46. 棕胸佛法僧

Indian Roller（*Coracias benghalensis*）

棕胸佛法僧隶属于佛法僧目佛法僧科。体长30–34厘米。顶冠蓝色，背部棕色，脸颊及胸部淡紫色且密布白色细小纵纹，腹部淡蓝色，嘴黑色，下嘴基部为橙黄色，中央尾羽暗绿色，两侧尾羽淡蓝色且端部深蓝色，肩部及飞羽深蓝紫色，翅上覆羽淡蓝色，初级飞羽上具有亮蓝色次端斑，飞行时异常醒目。分布于亚丁湾沿岸及印度等地。喜好开阔的农场田地、牧场、棕榈林等环境。以大型节肢动物和小型脊椎动物为食，如蝗虫、蟋蟀、蠼螋、蜘蛛、蜥蜴、蛇、鼠、蟾蜍等。

47. 印支佛法僧

Indochinese Roller（*Coracias affinis*）

印支佛法僧隶属于佛法僧目佛法僧科，也有分类系统将其视为棕胸佛法僧的一个亚种。体长30–34厘米。顶冠蓝色，过眼纹黑色，上体棕灰色，脸颊、喉部、胸部及腹上部为深棕色，且喉部和胸部常染有蓝紫色，下腹部灰色，中央尾羽暗绿色，两侧尾羽淡蓝色，肩部及飞羽深蓝紫色，翅上覆羽淡蓝色，初级飞羽上具有亮蓝色次端斑，飞行时异常醒目。分布于中南半岛、印度、尼泊尔、中国西南等地。喜好木麻黄树林、沙丘矮树林、椰树林、开阔的沼泽地及农田等环境。以大型节肢动物和小型脊椎动物为食，如蝗虫、蟋蟀、蠼螋、蜘蛛、蜥蜴、蛇、鼠、蟾蜍等。

48. 紫翅佛法僧

Purple-winged Roller（*Coracias temminckii*）

紫翅佛法僧隶属于佛法僧目佛法僧科。体长30–34厘米，是在苏拉威西岛繁殖的唯一一种佛法僧，易于辨识。羽色大体深紫色，顶端及尾上覆羽淡蓝色，脸部紫棕色，喉部紫色且密布细小白色纵纹，背部橄榄色，腰部紫色，初级覆羽及飞羽蓝紫色，尾羽紫黑色。分布于苏拉威西岛及其附近岛屿。喜好原始林之外、部分封闭的密林区域。以蝗虫、蟋蟀、甲虫、小型蜥蜴等为食。

49. 戴胜

Common Hoopoe（*Upupa epops*）

戴胜隶属于戴胜目戴胜科。体长19–32厘米，是一种羽色鲜明、极易辨识的鸟。嘴细长且向下弯曲，头部、上背部、胸部黄色，腹部及尾下覆羽白色，羽冠黄色且尖端黑色，翅膀、下背部、腰尾羽黑白纹路相间，飞行时格外醒目。分布十分广泛，在非洲及欧亚大陆的广大区域均有分布。喜好各种开阔的公园、农田、草滩。主要以大型昆虫及地栖的幼虫和蛹为食，也捕食蜥蜴、蛙类等小型脊椎动物。

咬鹃目

TROGONIFORMES

50. 红腰咬鹃

Scarlet-rumped Trogon（*Harpactes duvaucelii*）

红腰咬鹃隶属于咬鹃目咬鹃科。体长23–24厘米。雄鸟头部黑色，短小的眉纹、眼圈和嘴蓝色，背部深黄色，腰部红色，尾羽棕黄色，下体红色，尾羽腹侧白色且边缘黑色，翅膀黑白细纹驳杂；雌鸟头部、喉部暗棕色，胸部浅黄色，腹部及腰部粉色。分布于马来半岛、苏门答腊岛和婆罗洲。喜好低山地半常绿及常绿林的中下层，也包括沼泽林。以竹节虫、蝗虫、甲虫、蝶蛾等为食。

51. 橙腰咬鹃

Cinnamon-rumped Trogon（*Harpactes orrhophaeus*）

橙腰咬鹃隶属于咬鹃目咬鹃科。体长25厘米。雄鸟头部黑色，短小的眉纹、眼圈及嘴蓝色，上体浅棕黄色，尾羽棕色，下体深红色，尾羽腹侧白色且边缘黑色，翅膀黑白细纹驳杂；雌鸟头部暗棕色，脸部棕黄色，下体浅黄色。分布于马来半岛、苏门答腊岛及婆罗洲。喜好低地山林的中下层。以昆虫为食。

52. 红头咬鹃

Red-headed Trogon（*Harpactes erythrocephalus*）

红头咬鹃隶属于咬鹃目咬鹃科。体长31–35厘米。雄鸟头部、枕部、上胸部暗红色；眼圈蓝色；胸下部至尾下覆羽深红色，具有白色的细胸带；上体棕红色；尾羽腹侧白色；嘴蓝色，嘴尖黑色；翅膀黑白细纹驳杂。雌鸟头部、枕部及上胸部暗棕色，上体棕黄色，翅上覆羽棕色。分布于中国南部、中南半岛、马来半岛及苏门答腊岛等地。喜好浓密阔叶林、常绿林、竹林混交林等。主要以昆虫为食，如竹节虫、蝗虫、蚊蝇、甲虫等，也取食蜈蚣、潮虫、竹叶、浆果等。

53. 紫顶咬鹃

Diard's Trogon（*Harpactes diardii*）

紫顶咬鹃隶属于咬鹃目咬鹃科。体长约34厘米。雄鸟头部、胸上部黑色，眼圈蓝紫色，顶冠紫栗色，后半颈环深粉色，胸带浅粉色，翅膀黑白驳杂，上体浅棕色，腹部及尾下覆羽紫色，尾羽腹侧白色且密布黑色斑点；雌鸟头部灰棕色，下体较雄鸟偏粉色，胸带黄色，翅上覆羽棕色。分布于马来半岛、苏门答腊岛及婆罗洲等地。喜好低山地原始林的中下层。以蝶蛾幼虫、甲虫、蝗虫等昆虫为食，也取食植物果实。

54. 橙胸咬鹃

Orange-breasted Trogon（*Harpactes oreskios*）

橙胸咬鹃隶属于咬鹃目咬鹃科。体长25–26厘米，雄鸟头部橄榄色，眼圈、嘴蓝色，上体栗红色，腰部颜色稍浅，翅膀黑色且密布白色横纹，胸上部黄色，下体其余部分橙黄色，胸带白色，黑色尾羽腹侧上具有白色斑块；雌鸟头部及上胸部灰色，下体黄色。分布于中国西南、中南半岛、马来半岛、苏门答腊岛及婆罗洲等地。喜好原始半常绿林及低山地常绿林、沼泽林的中下层。主要以蝗虫、蝉、甲虫、竹节虫等昆虫为食，也取食蜘蛛、蜥蜴、植物果实等。

55. 蓝尾咬鹃

Javan Trogon（*Apalharpactes reinwardtii*）

蓝尾咬鹃隶属于咬鹃目咬鹃科。体长34厘米。头部黄绿色，上体蓝绿色，翅膀黑色且密布黄色横纹，尾羽深金属蓝色，尾羽腹侧蓝色且边缘白色，喉部、腹部及尾下覆羽黄色，胸带灰绿色，嘴红色。仅分布于爪哇西部。喜好山地雨林的下层。以甲虫、蝉、蝶蛾幼虫、蝗虫、竹节虫等为食，也取食无花果等植物果实。

56. 苏门答腊咬鹃

Sumatran Trogon（*Apalharpactes mackloti*）

苏门答腊咬鹃隶属于咬鹃目咬鹃科。体长约30厘米。头部黄绿色，上体蓝绿色，腰部深栗色，尾羽深金属蓝色，翅膀黑褐色且密布黄色横纹，喉部、腹部及尾下覆羽黄色，胸带灰绿色，嘴红色，眼圈蓝色。仅分布于苏门答腊岛。喜好山地雨林的下层。以绿色的蝶蛾幼虫、蝗虫、竹节虫、甲虫等为食，也取食植物果实等。

57. 红枕咬鹃

Red-naped Trogon（*Harpactes kasumba*）

红枕咬鹃隶属于咬鹃目咬鹃科。体长32–34厘米。雄鸟头部、胸上部黑色，嘴、眼圈及脸部裸皮蓝色，颈侧具有醒目红色条纹，胸带白色，上体及尾羽棕黄色，尾羽外缘黑色，下体亮红色，尾羽腹侧黑色且具有白色斑块，翅膀黑色且密布白色横纹；雌鸟头部及上胸部灰棕色，胸带偏黄色，上体棕黄色，下体黄色。分布于马来半岛、苏门答腊岛及婆罗洲等地。喜好低地或低山地的原始森林中上层。以竹节虫、蜘蛛等为食。

58. 黑头咬鹃

Malabar Trogon（*Harpactes fasciatus*）

黑头咬鹃隶属于咬鹃目咬鹃科。体长29–30厘米。雄鸟嘴、眼圈及脸部裸皮蓝色，头部、胸上部灰黑色，胸带白色，胸下部、腹部及尾下覆羽红色，上体黄棕色，翅膀黑色且密布白色横纹，尾羽红棕色、尖端黑色；雌鸟头部和胸上部暗棕色，胸带浅黄色，下体黄色。分布于印度及斯里兰卡。喜好热带及亚热带山地原始密林、次生常绿阔叶林、半常绿及湿润落叶林等生境。以蝶蛾、甲虫、蝗虫、蝉、竹节虫等昆虫为食，也取食树叶和植物果实等。

59. 粉胸咬鹃

Philippine Trogon（*Harpactes ardens*）

粉胸咬鹃隶属于咬鹃目咬鹃科。体长29–30厘米。雄鸟头部及喉部黑色，嘴黄色，嘴基亮绿色，眼圈及脸部裸皮蓝紫色，头顶深栗红色，上体棕色，腰部颜色稍浅，尾羽棕红色、尖部黑色，胸部灰粉色，下体红色，翅膀黑色且密布白色横纹；雌鸟头部及喉部暗棕色，下体棕黄色，翅膀黑黄横纹相间。分布于菲律宾群岛。喜好各种原始森林的中下层。以蝗虫、竹节虫等为食。

鹦形目

PSITTACIFORMES

60. 艳绿领鹦鹉

Layard’s Parakeet（*Psittacula calthrapae*）

艳绿领鹦鹉隶属于鹦形目鹦鹉科。体长29–31厘米。雄鸟上喙部鲜红色，带有黄色边缘，下喙部红棕色；前额、眼周及嘴基部淡绿色；头部蓝灰色，有一深色颈圈；肩背部及臀部蓝灰色；两翼暗绿色，略带黄绿色；颈部及下体绿色；尾羽深灰蓝色，有黄色尖端；虹膜橙黄色。雌鸟似雄鸟，但喙部为深灰色，虹膜颜色略浅。分布于斯里兰卡中部及南部地区。栖息于中海拔的山林地带。主要采食水果及花蕾。营巢于离地面10–25米高的树洞中，每窝产卵2–4枚。

61. 花头鹦鹉

Blossom-headed Parakeet（*Psittacula roseata*）

花头鹦鹉隶属于鹦形目鹦鹉科。体长30–36厘米。雄鸟头部蓝紫色，前额、两颊及耳羽玫瑰色，下颏及颈圈黑色，体羽及两翼绿色，上体略深，肩部有一小块红色斑块，尾羽蓝色，中央尾羽有浅黄色羽端，喙部深黄色，虹膜黄色；雌鸟似雄鸟，但整个头部暗蓝灰色，颈圈黄色，喙浅黄色。分布于喜马拉雅山脉南麓及中南半岛大部分地区。栖息于植被较好的城市边缘及开阔的林地。筑巢于墙壁的洞穴中，卵白色。

62. 梅头鹦鹉

Plum-headed Parakeet（*Psittacula cyanocephala*）

梅头鹦鹉隶属于鹦形目鹦鹉科。体长33–37厘米。雄鸟头部紫色，前额、两颊及耳羽深紫色，下颏及颈圈黑色，颈侧及后部有蓝绿色半圈，上体绿色，下体黄绿色，两翼深绿色，肩部有一小块红色斑块，腰羽蓝绿色，尾羽蓝色，中央尾羽有白色羽端，上喙部深黄色，下喙部灰色，虹膜黄色；雌鸟似雄鸟，但整个头部暗灰紫色，颈圈黄色，上喙部浅黄色。分布于印度次大陆及斯里兰卡。栖息于低海拔较湿润的落叶林地。主要采食水果。筑巢于树洞中，每窝产卵4–5枚。

- 141 -

63. 布莱氏鹦鹉

Nicobar Parakeet（*Psittacula caniceps*）

布莱氏鹦鹉隶属于鹦形目鹦鹉科。体长56–61厘米。雄鸟头部灰绿色，两颊偏粉，前额有一黑色横纹连接两边眼先，颏部有较宽的黑色条带延伸至颈侧，上喙部红色，下喙部黑色，体羽黄绿色，尾羽略带黄色，羽端黄色；雌鸟似雄鸟，但头部偏蓝色，整个喙部黑色。分布于尼科巴群岛。栖息于树高较高的森林中。主要取食水果。

64. 马拉巴鹦鹉

Blue-winged Parakeet（*Psittacula columboides*）

马拉巴鹦鹉隶属于鹦形目鹦鹉科。体长36–38厘米。雄鸟上喙部红色，下喙部暗棕色；头部前端蓝绿色，其余部分蓝灰色；有一完整的黑色颈圈，颈圈下一圈羽毛青绿色；上体灰色；翼上覆羽绿色，初级飞羽深蓝色；下体浅绿色，臀部浅青绿色；中央尾羽深蓝色，外侧尾羽绿色，具黄色羽端。雌鸟似雄鸟，但头部绿色，颈部没有青绿色，肩部及胸部浅绿色。分布于印度西南地区。栖息于热带常绿阔叶林带。主要采食谷物、种子、水果及花苞。营巢于较高乔木的树洞中，每窝产卵4–5枚。

65. 青头鹦鹉

Slaty-headed Parakeet（*Psittacula himalayana*）

青头鹦鹉隶属于鹦形目鹦鹉科。体长39–41厘米。雌雄同型。上喙部红色，带黄色边缘，下喙部黄色；头部青灰色，黑色半颈圈由颏部延伸至颈侧；体羽黄绿色，上体略偏蓝色；两翼绿色，肩部带一红色斑块；尾羽绿色，由基部蓝色调向羽端过渡为黄色调。分布于喜马拉雅山脉，从阿富汗东北部向东至中国西藏樟木地区。栖息于亚热带针叶林及落叶林带。主要采食种子、花及果实。营巢于废弃树洞中，每窝产卵3–5枚。

- 147 -

66. 大紫胸鹦鹉

Lord Derby's Parakeet（*Psittacula derbiana*）

大紫胸鹦鹉隶属于鹦形目鹦鹉科。体长46–50厘米。雄鸟上喙部红色带黄色尖端，下喙部黑色，前额有一黑色横纹连接两边眼先，颏部有较宽的黑色条带延伸至颈侧，眼睛后部有一黄色小斑块，头部前端青紫色，眼先周围青蓝色，枕部、上体及两翼黄绿色，胸腹部紫色，臀部绿色，中央尾羽蓝绿色，外侧尾羽绿色；雌鸟似雄鸟，但头部颜色较浅，无青蓝色，喙部黑色。分布于中国西南部地区。栖息于针叶林及混交林。主要采食松子及水果。营巢于树洞。

67. 长尾鹦鹉（*nicobaricus* 亚种）

Long-tailed Parakeet（*Psittacula longicauda nicobaricus*）

长尾鹦鹉（*nicobaricus*亚种）隶属于鹦形目鹦鹉科。体长40–48厘米。雄鸟上喙部红色，下喙部红黑色，头顶亮绿色而枕部黄绿色，前额基部黑色，下颏延伸至颈侧黑色，脸颊玫瑰色，肩部、上背部及下体浅黄绿色，下背部及腰部浅蓝色，两翼绿色，飞羽深蓝色，中间尾羽深蓝色，两侧尾羽绿色；雌鸟似雄鸟，但头部红色较浅，嘴棕色。长尾鹦鹉分布于马来半岛及周围群岛，该亚种分布于尼科巴群岛。栖息于沿岸的低地森林。主要采食水果及种子。营巢于树洞，每窝产卵2–3枚。

68. 长尾鹦鹉（***longicauda*** 亚种）
Long-tailed Parakeet（*Psittacula longicauda longicauda*）

长尾鹦鹉（*longicauda*亚种）隶属于鹦形目鹦鹉科。体长40–48厘米。雄鸟上喙部红色，下喙部红黑色，头顶深绿色，前额基部黑色延伸至过眼纹，颏部及下喙基部黑色条带向颈侧延伸变细，脸颊及枕部玫瑰粉色，肩颈及上背部浅黄绿色，下背部过渡为浅蓝绿色，胸腹部黄绿色，下腹颜色略深，两翼及覆羽绿色，初级飞羽及覆羽暗蓝色，中央尾羽深蓝色，外侧尾羽绿色，虹膜浅黄色；雌鸟似雄鸟，但面部为暗橘红色，耳羽沾蓝色，上下喙均为棕色。

69. 长尾鹦鹉（***longicauda*** 亚种）（续）

Long-tailed Parakeet（*Psittacula longicauda longicauda*）

长尾鹦鹉（*longicauda*亚种）隶属于鹦形目鹦鹉科。长尾鹦鹉分布于马来半岛及周边岛屿；该亚种分布较广，可见于马来半岛、新加坡、婆罗洲地区及印度尼西亚的苏门答腊岛、尼亚斯岛、邦加岛。喜低地，最高分布于海拔300米，多见于沿海地区，栖息于红树林、沼泽林地、雨林边缘及部分棕榈林、椰树林等。

70. 长尾鹦鹉（*longicauda* 亚种）（再续）

Long-tailed Parakeet（*Psittacula longicauda longicauda*）

长尾鹦鹉（*longicauda*亚种）隶属于鹦形目鹦鹉科。主要采食槟榔子、木瓜等，有时也采食花朵。通常集群活动，但无明显规律性；在一些地方，会突然集大群活动，之后几年都不再出现。在马来半岛通常于12月至次年5月进行繁殖，集群繁殖，营洞穴巢于林木，每窝产卵2–3枚。

71. 金肩扇尾鹦鹉

Golden-mantled Racket-tail（*Prioniturus platurus*）

金肩扇尾鹦鹉隶属于鹦形目鹦鹉科。体长约28厘米。雄鸟喙部浅灰色；头颈部绿色，头顶有一红色斑块，向后延伸为淡紫色；肩部暗橘黄色，背部及翼上覆羽暗灰色，两翼绿色；初级飞羽中央黑色，次级飞羽有黄色边缘；中央尾羽绿色，各延伸出一块扇形饰羽；外侧尾羽绿色，末端蓝色带黑色羽端；下体黄绿色，臀部黄色。雌鸟整体为绿色。分布于苏拉威西岛及周围诸岛。栖息于海拔2000米左右的雨林中，也见于村庄附近的果林。采食水果及种子。营巢于树洞。

72. 红斑扇尾鹦鹉

Yellow-breasted Racket-tail（*Prioniturus flavicans*）

红斑扇尾鹦鹉隶属于鹦形目鹦鹉科。体长约37厘米。雄鸟喙部浅灰色；前额及面部绿色；顶冠蓝色，中央有一红色斑块；胸部、颈侧、枕部及肩部暗橙黄色，上体及两翼逐渐过渡为暗绿色；中央尾羽暗绿色，各延伸出一块扇形饰羽；外侧尾羽偏蓝色，羽端黑色；下体黄绿色。雌鸟整体绿色，顶冠蓝色极少或没有，无红斑，胸部偏黄绿色。分布于苏拉威西岛北部及周边岛屿。栖息于海拔1000米左右的原始森林。

73. 蓝冠扇尾鹦鹉

Blue-crowned Racket-tail（*Prioniturus discurus*）

蓝冠扇尾鹦鹉隶属于鹦形目鹦鹉科。体长约27厘米。雄鸟顶冠至后颈浅蓝色，面颊、颏部及枕部苹果绿色，喙灰白色，虹膜棕色；下体黄绿色，背部及两翼深绿色，飞羽外侧羽缘蓝绿色，尾羽深绿色；尾部有深色饰羽，尖端为铲形，主体为绿色，边缘蓝色，底端黑色。雌鸟似雄鸟，但饰羽较短；幼鸟无饰羽。

74. 蓝冠扇尾鹦鹉（续）

Blue-crowned Racket-tail（*Prioniturus discurus*）

蓝冠扇尾鹦鹉隶属于鹦形目鹦鹉科。主要分布于菲律宾诸岛。栖息于中低海拔潮湿的原始林及次生林，最高见于海拔1750米。通常活动于海拔1500米以下林地，也见于红树林、香蕉林及果园。集小群采食，飞行时极为聒噪，对林缘的香蕉园及果园有一定的破坏性，也有报道采食无花果。主要繁殖期为4–5月，营树洞巢于较高乔木的主干，有时也使用啄木鸟的旧巢，每窝产卵3枚，卵白色。

䴕形目

PICIFORMES

75. 白背啄木鸟（*insularis* 亚种）

White-backed Woodpecker（*Dendrocopos leucotos insularis*）

白背啄木鸟（*insularis*亚种）隶属于䴕形目啄木鸟科。体长约23厘米。白背啄木鸟雄鸟前额白色，顶冠至上枕部鲜红色，枕部后侧黑色条带延伸至背部，脸白色，嘴基部至胸侧有一黑色条带连接，喉部白色，肩部辉黑色，背部及腰部白色，两翼黑色具白色斑点，中央尾羽黑色，两侧尾羽黑白相间，下体乳白色，胸部及两胁有黑色纵纹，臀部粉红色；雌鸟似雄鸟，但顶冠为黑色。该亚种特征为体型偏小，臀部颜色更粉。白背啄木鸟分布于欧亚大陆中纬度地区，该亚种分布于台湾地区。栖息于成熟的林带。主要采食树木中的昆虫。营巢于较高的树洞中，每窝产卵3–5枚。

76. 大斑啄木鸟（*cabanisi* 亚种）
Great Spotted Woodpecker（*Dendrocopos major cabanisi*）

大斑啄木鸟（*cabanisi*亚种）隶属于䴕形目啄木鸟科。体长20–24厘米。大斑啄木鸟雄鸟鼻基部有黑色绒羽；前额淡黄白色；头顶辉黑色，顶冠亮红色；两颊及颈侧白色，脸侧及颏部有黑色条纹；上体蓝黑色；肩部外侧白色；飞羽上有白色条纹；尾羽黑色，底面有白色条纹；下体灰白色；尾下覆羽猩红色。雌鸟似雄鸟，但头部无红色。该亚种特征为下体偏棕黄色。大斑啄木鸟分布覆盖欧亚大陆，该亚种分布于中国华北至中南地区及中南半岛。栖息于各种类型的林地。主要捕食树洞中的昆虫。通常啄树洞营巢，每窝产卵5–7枚。

77. 黑冠啄木鸟

Heart-spotted Woodpecker（*Hemicircus canente*）

黑冠啄木鸟隶属于䴕形目啄木鸟科。体长15–16厘米。雄鸟头部及后颈黑色，头较大且有顶饰，前额有白色小斑点；喉部及颈侧白色；胸部灰绿色；上体黑色；肩部及翼上覆羽白色，带黑色心形斑纹；腰羽白色；尾短，为黑色；腹部及尾下覆羽黑色。雌鸟似雄鸟，但头前部为白色。分布于印度次大陆西侧及东北部、孟加拉、中南半岛。栖息于中低海拔的潮湿密林。主要捕食蚂蚁、白蚁等。营树洞巢于枯木中，每窝产卵3枚，卵白色。

- 173 -

78. 灰黄啄木鸟

Grey-and-buff Woodpecker（*Hemicircus concretus*）

灰黄啄木鸟隶属于鴷形目啄木鸟科。体长13–14厘米，体型非常短小紧凑。图中所绘为其幼鸟。幼鸟上体羽缘较宽，偏红褐色，下体密布浅皮黄色横纹，头顶羽毛为黄褐色带黑色尖端。雄性幼鸟具橘红色饰羽，雌性幼鸟头部无红色饰羽。分布于爪哇西部及中部地区。主要栖息于较开放的常绿林带，尤喜常绿次生林、林缘及种植园，一般海拔不超过1100米。捕食昆虫，也有采食水果的记录。营树洞巢。

79. 灰黄啄木鸟（续）

Grey-and-buff Woodpecker（*Hemicircus concretus*）

灰黄啄木鸟隶属于䴕形目啄木鸟科。图中所绘为其成鸟。雄性成鸟前额、顶冠及冠羽红色，头部及颈部深灰色，后颈部略白，一条浅色细纹从颧骨延伸至颈侧；上体深棕黑色，具有较宽的白色羽缘，腰羽白色，尾上覆羽黑色具白色边缘；两翼羽毛黑色具白色边缘或条纹，使黑色部分呈心型；下体深灰色，两胁及尾下覆羽具浅色条纹，翼下黑色，初级飞羽羽基具皮黄色斑块；尾极短，尾形较圆，黑色；喙灰黑色，虹膜红棕色。雌性成鸟喙较短，头部无红色顶冠。分布于爪哇西部及中部地区。主要栖息于较开放的常绿林带，尤喜常绿次生林、林缘及种植园，一般海拔不超过1100米。捕食昆虫，也有采食水果的记录。营树洞巢。

80. 星头啄木鸟（***aurantiiventris*** 亚种）

Grey-capped Pygmy Woodpecker

（*Dendrocopos canicapillus aurantiiventris*）

星头啄木鸟（*aurantiiventris*亚种）隶属于䴕形目啄木鸟科。体长14–16厘米。星头啄木鸟雄鸟前额至后颈深灰色至黑色，顶冠两侧各有一红色条纹，脸白色，有两条棕灰色条带由嘴基部延伸至颈后侧，喉白色，上体、两翼及尾羽黑色具白色横纹，尾羽底面白色，下体随亚种不同而深浅不一，胸部具深棕色纵纹；雌鸟似雄鸟，但顶冠无红色。该亚种特征为两翼白色较少，下体橙黄色。星头啄木鸟分布于中国东北至西南地区，中南半岛及马来群岛；该亚种分布于婆罗洲。栖息于各种林地。主要捕食虫类。营树洞巢，每窝产卵3–5枚。

81. 星头啄木鸟（***auritus*** 亚种）

Grey-capped Pygmy Woodpecker

（*Dendrocopos canicapillus auritus*）

星头啄木鸟（*auritus*亚种）隶属于䴕形目啄木鸟科。体长14–16厘米。星头啄木鸟雄鸟前额至后颈深灰色至黑色，顶冠两侧各有一红色条纹，脸白色，有两条棕灰色条带由嘴基部延伸至颈后侧，喉白色，上体、两翼及尾羽黑色具白色横纹，尾羽底面白色，下体随亚种不同而深浅不一，胸部具深棕色纵纹；雌鸟似雄鸟，但顶冠无红色。该亚种特征为头部条纹清晰，体羽偏黑。星头啄木鸟分布于中国东北至西南地区，中南半岛及马来群岛；该亚种分布于泰国南部及马来群岛。栖息于各种林地。主要捕食虫类。营树洞巢，每窝产卵3–5枚。

82. 星头啄木鸟（***canicapillus*** 亚种）

Grey-capped Pygmy Woodpecker

（*Dendrocopos canicapillus canicapillus*）

星头啄木鸟（*canicapillus*亚种）隶属于䴕形目啄木鸟科。体长14–16厘米。星头啄木鸟雄鸟前额至后颈深灰色至黑色，顶冠两侧各有一红色条纹，脸白色，有两条棕灰色条带由嘴基部延伸至颈后侧，喉白色，上体、两翼及尾羽黑色具白色横纹，尾羽底面白色，下体随亚种不同而深浅不一，胸部具深棕色纵纹；雌鸟似雄鸟，但顶冠无红色。该亚种特征为下体白色。星头啄木鸟分布于中国东北至西南地区，中南半岛及马来群岛；该亚种分布于孟加拉，缅甸中部、南部，泰国及老挝。栖息于各种林地。主要捕食虫类。营树洞巢，每窝产卵3–5枚。

83. 星头啄木鸟（***doerriesi*** 亚种）

Grey-capped Pygmy Woodpecker

（*Dendrocopos canicapillus doerriesi*）

星头啄木鸟（*doerriesi*亚种）隶属于䴕形目啄木鸟科。体长14–16厘米。星头啄木鸟雄鸟前额至后颈深灰色至黑色，顶冠两侧各有一红色条纹，脸白色，有两条棕灰色条带由嘴基部延伸至颈后侧，喉白色，上体、两翼及尾羽黑色具白色横纹，尾羽底面白色，下体随亚种不同而深浅不一，胸部具深棕色纵纹；雌鸟似雄鸟，但顶冠无红色。该亚种特征为上体白色斑块较大，下体白色，条纹细窄。星头啄木鸟分布于中国东北至西南地区，中南半岛及马来群岛；该亚种分布于中国东北部及朝鲜。栖息于各种林地。主要捕食虫类。营树洞巢，每窝产卵3–5枚。

84. 星头啄木鸟（***scintilliceps*** 亚种）

Grey-capped Pygmy Woodpecker

（*Dendrocopos canicapillus scintilliceps*）

星头啄木鸟（*scintilliceps*亚种）隶属于䴕形目啄木鸟科。体长14–16厘米。星头啄木鸟雄鸟前额至后颈深灰色至黑色，顶冠两侧各有一红色条纹，脸白色，有两条棕灰色条带由嘴基部延伸至颈后侧，喉白色，上体、两翼及尾羽黑色具白色横纹，尾羽底面白色，下体随亚种不同而深浅不一，胸部具深棕色纵纹；雌鸟似雄鸟，但顶冠无红色。该亚种特征为上体白色较少，下体条纹密集。星头啄木鸟分布于中国东北至西南地区，中南半岛及马来群岛；该亚种分布于中国中东部地区。栖息于各种林地。主要捕食虫类。营树洞巢，每窝产卵3–5枚。

85. 星头啄木鸟（*semicoronatus* 亚种）
Grey-capped Pygmy Woodpecker
（*Dendrocopos canicapillus semicoronatus*）

星头啄木鸟（*semicoronatus*亚种）隶属于䴕形目啄木鸟科。体长14–16厘米。星头啄木鸟雄鸟前额至后颈深灰色至黑色，顶冠两侧各有一红色条纹，脸白色，有两条棕灰色条带由嘴基部延伸至颈后侧，喉白色，上体、两翼及尾羽黑色具白色横纹，尾羽底面白色，下体随亚种不同而深浅不一，胸部具深棕色纵纹；雌鸟似雄鸟，但顶冠无红色。该亚种特征为脸奶油色，下体棕黄色，头顶红色贯通枕部。星头啄木鸟分布于中国东北至西南地区，中南半岛及马来群岛；该亚种分布于尼泊尔东部及阿萨姆西部地区。栖息于各种林地。主要捕食虫类。营树洞巢，每窝产卵3–5枚。

86. 菲律宾侏啄木

Sulu Pygmy Woodpecke（*Dendrocopos ramsayi*）

菲律宾侏啄木隶属于䴕形目啄木鸟科。体长13–14厘米。雄鸟前额及顶冠深棕色，枕部红色，头部及喉部白色，棕色的过眼纹及髭纹延伸至颈侧，上体棕色，背部有一白色宽纹，腰羽白色，初级飞羽内翈有浅色横纹，尾上棕色，尾下白色，下体白色，胸带棕色具金黄色边缘，胁部有稀疏灰色纵纹；雌鸟似雄鸟，但头部无红色。分布于菲律宾西南部的苏鹿岛。栖息于热带低海拔原始森林中。

87. 坦氏啄木鸟

Sulawesi Pygmy Woodpecker（*Dendrocopos temminckii*）

坦氏啄木鸟隶属于䴕形目啄木鸟科。体长13–14厘米。雄鸟前额至颈侧浅皮黄色；头上部深棕色，枕部有一红色条带；眉纹白色，髭纹棕色延伸至颈侧；颏部及喉棕灰色；上体、两翼及尾羽橄榄棕色，具淡棕色横纹；下体浅黄灰色，胸腹部具棕色纵纹，尾下覆羽颜色较淡。雌鸟似雄鸟，但头部无红色。分布于苏拉威西。栖息于森林地带，包括次生林及果园。营树洞巢于死木。

88. 巽他啄木鸟

Sunda Pygmy Woodpecker（*Dendrocopos moluccensis*）

巽他啄木鸟隶属于䴕形目啄木鸟科。体长约13厘米。雄鸟头顶黑褐色，顶冠两侧各有一细小的红色条带，头部白色，两条黑褐色纵纹分别沿耳羽、髭纹延伸至颈侧，上体黑褐色具白色横纹，腰羽白色，两翼及尾羽褐色具白色斑点及条纹，下体白色，胸部具棕色纵纹；雌鸟似雄鸟，但头部无红色。分布于马来群岛。栖息于较开阔的落叶林带，也出现在村庄、园林附近。主要捕食昆虫。营巢于树洞，每窝产卵2–3枚。

89. 菲律宾啄木鸟（*fulvifasciatus* 亚种）
Philippine Pygmy Woodpecker
（*Dendrocopos maculatus fulvifasciatus*）

菲律宾啄木鸟（*fulvifasciatus*亚种）隶属于䴕形目啄木鸟科。体长13–14厘米。菲律宾啄木鸟雄鸟头顶深棕色，头顶后部有一红色斑块，眉纹白色，耳羽黑褐色延伸至后颈，脸颊及喉部白色，髭纹棕褐色，上体及两翼黑褐色具白色横纹，尾羽深棕色具白色横纹，下体浅白色，胸部偏黄色，具深棕色点斑，腹部及两胁具棕色纵纹；雌鸟似雄鸟，但头部无红色。该亚种特征为上体近黑色，下体偏黄，腰羽白色无斑点。菲律宾啄木鸟分布于菲律宾群岛，该亚种分布于菲律宾中东部及南部。栖息于多种森林地带。主要捕食昆虫。营树洞巢。

90. 菲律宾啄木鸟（*maculatus* 亚种）

Philippine Pygmy Woodpecker

（*Dendrocopos maculatus maculatus*）

菲律宾啄木鸟（*maculatus*亚种）隶属于鴷形目啄木鸟科。体长13–14厘米。菲律宾啄木鸟雄鸟头顶深棕色，头顶后部有一红色斑块，眉纹白色，耳羽黑褐色延伸至后颈，脸颊及喉部白色，髭纹棕褐色，上体及两翼黑褐色具白色横纹，尾羽深棕色具白色横纹，下体白色，胸部偏黄色，具深棕色点斑，腹部及两胁具棕色纵纹；雌鸟似雄鸟，但头部无红色。该亚种特征为腰羽白色带深色斑点。菲律宾啄木鸟分布于菲律宾群岛，该亚种分布于菲律宾中部。栖息于多种森林地带。主要捕食昆虫。营树洞巢。

91. 褐头啄木鸟（***gymnophthalmus*** 亚种）

Brown-capped Pygmy Woodpecker

（*Dendrocopos nanus gymnophthalmus*）

褐头啄木鸟（*gymnophthalmus*亚种）隶属于䴕形目啄木鸟科。体长约13厘米。褐头啄木鸟雄鸟前额及顶冠巧克力色，顶冠两侧各有一小块红色斑块，有红色眼圈，头部大部分白色，过眼纹棕色沿耳羽延伸至胸上部，上体、两翼巧克力色具白色横纹，尾羽深棕色具白色横纹，下体白色，胸侧具稀疏浅棕色纵纹；雌鸟似雄鸟，但头部无红色。该亚种特征为颜色偏黑，下体无纵纹。褐头啄木鸟分布于印度次大陆及斯里兰卡，该亚种分布于斯里兰卡。栖息于开阔林带。主要捕食蚂蚁等小型无脊椎动物。营树洞巢，每窝产卵2–3枚。

92. 褐头啄木鸟（*cinereigula* 亚种）
Brown-capped Pygmy Woodpecker
（*Dendrocopos nanus cinereigula*）

褐头啄木鸟（*cinereigula*亚种）隶属于鴷形目啄木鸟科。体长约13厘米。褐头啄木鸟雄鸟前额及顶冠巧克力色，顶冠两侧各有一小块红色斑块，有红色眼圈，头部大部分白色，过眼纹棕色沿耳羽延伸至胸上部，上体、两翼巧克力色具白色横纹，尾羽深棕色具白色横纹，下体白色，胸侧具稀疏浅棕色纵纹；雌鸟似雄鸟，但头部无红色。该亚种特征为颜色偏深，两翼白色较少。褐头啄木鸟分布于印度次大陆及斯里兰卡，该亚种分布于印度次大陆西南部。栖息于开阔林带。主要捕食蚂蚁等小型无脊椎动物。营树洞巢，每窝产卵2–3枚。

93. 褐头啄木鸟（***nanus*** 亚种）

Brown-capped Pygmy Woodpecker

（*Dendrocopos nanus nanus*）

褐头啄木鸟（*nanus*亚种）隶属于鴷形目啄木鸟科。体长约13厘米。褐头啄木鸟雄鸟前额及顶冠巧克力色，顶冠两侧各有一小块红色斑块，有红色眼圈，头部大部分白色，过眼纹棕色沿耳羽延伸至胸上部，上体、两翼巧克力色具白色横纹，尾羽深棕色具白色横纹，下体白色，胸侧具稀疏浅棕色纵纹；雌鸟似雄鸟，但头部无红色。该亚种特征为颜色偏棕色。褐头啄木鸟分布于印度次大陆及斯里兰卡，该亚种分布于印度次大陆北部。栖息于开阔林带。主要捕食蚂蚁等小型无脊椎动物。营树洞巢，每窝产卵2–3枚。

94. 灰头绿啄木鸟（*tacolo* 亚种）

Grey-headed Woodpecker（*Picus canus tacolo*）

灰头绿啄木鸟（*tacolo*亚种）隶属于䴕形目啄木鸟科。体长28–33厘米。灰头绿啄木鸟雄鸟前额及顶冠红色，顶冠后部及后枕黑色；头部浅灰色；眉纹较浅，有黑色眼先及髭纹；上体深绿色；腰羽偏黄色；飞羽黑褐色，带白色斑点；尾羽绿棕色带浅色横纹；下体不同程度灰色。雌鸟似雄鸟，但头部无红色。该亚种特征为头枕部黑色中夹杂灰色条纹，下体绿色。灰头绿啄木鸟分布覆盖欧亚大陆，该亚种分布于中国台湾地区及海南岛。栖息于开阔林地。主要捕食蚂蚁等小型无脊椎动物。营树洞巢，每窝产卵4–10枚。

95. 大黄冠啄木鸟

Greater Yellownape（*Chrysophlegma flavinucha*）

大黄冠啄木鸟隶属于鴷形目啄木鸟科。体长33–34厘米。雄鸟前额及顶冠橄榄绿色；枕部至后颈羽毛较长，有金黄色羽端；脸部深绿色，颏部及喉部浅黄色；上体黄绿色；飞羽深绿色；外侧飞羽黑褐色，有红褐色横纹；胸部油黑色，其余下体灰绿色。雌鸟颜色略暗，喉部为红褐色而非黄色。分布于中国南方、中南半岛及苏门答腊。栖息于各种类型的林地，喜较高的乔木。主要捕食蚂蚁等动物性食物。营树洞巢，每窝产卵2–4枚。

96. 黄脸金背啄木鸟

Yellow-faced Flameback（*Chrysocolaptes xanthocephalus*）

黄脸金背啄木鸟隶属于鴷形目啄木鸟科。体长28–30厘米。雄鸟顶冠及饰羽鲜红色，其余头颈部位及下体金黄色，颌部有黑色条纹，颈部及上胸部羽毛边缘黑色，上体深红色沾金色，背部羽毛边缘较浅，腰羽红色，飞羽深棕色，内岬有白色斑点，尾羽黑色，虹膜红色，喙黄色；雌鸟似雄鸟，但头部全部为金黄色。分布于菲律宾群岛中部。栖息于低地丛林，喜高大乔木。捕食小型无脊椎动物。

97. 红胸蚁鴷

Red-throated Wryneck（*Jynx ruficollis*）

红胸蚁鴷隶属于鴷形目啄木鸟科。体长约19厘米。雌雄同型，体态娇小。眼先及耳羽白色及棕色相间；前额至整个上体灰棕色，具深色条纹；翼上覆羽具白色条纹；头顶中央有一条黑色条纹；飞羽及尾羽深棕色，具浅红棕色横纹；颏部至上胸部栗色，其余下体白色具棕色条纹；两胁及下腹部浅黄色。零散分布于非洲多国。栖息于稀树草原及开阔的林缘地带。主要采食蚂蚁及小型昆虫。营巢于树洞，每窝产卵3–4枚，卵白色。

98. 斑姬啄木鸟

Speckled Piculet（*Picumnus innominatus*）

斑姬啄木鸟隶属于鴷形目啄木鸟科。体长约10厘米。雄鸟前额橙黄色具黑色斑点或条纹，眼先浅黄色，过眼纹黑色延伸至颈侧，过眼纹两侧各有一条宽的白色条纹，头顶橄榄绿色，上体浅橄榄绿色，翼上覆羽颜色略深具黄绿色边缘，尾羽黑白相间，下体白色具黑色斑点，腹部中央至臀部斑点少；雌鸟似雄鸟，但前额为橄榄绿色。分布于中国南方、喜马拉雅山麓及南亚部分地区。栖息于丛林地带。主要捕食蚂蚁等昆虫。营巢于树洞，每窝产卵2–4枚。

99. 白眉棕啄木鸟

White-browed Piculet（*Sasia ochracea*）

白眉棕啄木鸟隶属于鴷形目啄木鸟科。体长9–10厘米。雄鸟前额及顶冠橙红色，额头中央有一金黄色斑块，头顶其余部分橄榄绿色；眼后有一白色眉纹，头部其余部分、颈侧及下体浅红褐色，耳羽略深；上体绿色沾红褐色；腰羽红褐色；尾短，呈黑色；两翼棕褐色带黄绿色边缘；虹膜红色，眼周有一圈粉红色裸露皮肤；喙灰黑色；爪为三趾。雌鸟似雄鸟，但头部全部为红褐色。分布于中南半岛。栖息于低矮浓密的林带。主要捕食蚂蚁及其他昆虫。营树洞巢，每窝产卵2–4枚。

100. 棕啄木鸟

Rufous Piculet（*Sasia abnormis*）

棕啄木鸟隶属于䴕形目啄木鸟科。体长约9厘米。雄鸟前额金黄色，顶冠橄榄黄色，其余头部及颈部橙红色，耳羽略深；上体橄榄黄色；腰羽红褐色；尾短，呈黑色，边缘偏深橄榄色；两翼棕褐色带黄绿色边缘；整个下体红褐色；虹膜红色，眼周有一圈粉红色裸露皮肤；上喙灰褐色，下喙金黄色；爪为三趾。雌鸟似雄鸟，但前额为红褐色。分布于马来西亚、苏门答腊及婆罗洲。栖息于次生林带。主要捕食蚂蚁及其他昆虫。营树洞巢，每窝产卵2–3枚。

102. 台湾拟啄木鸟

Taiwan Barbet（*Psilopogon nuchalis*）

台湾拟啄木鸟隶属于鴷形目拟啄木鸟科。体长约21.5厘米。雌雄同型。成鸟整体绿色；眼先红色；前额及下颌金黄色；头顶、耳羽至喉部有一蓝色环状条带；胸部及后枕各有一红色斑块；眼睛上、下各有一黑色条纹，并在眼前交汇；嘴厚，为浅灰色。分布于中国台湾地区。栖息于海拔300–2800米的多种林地类型。主要采食水果，繁殖期也捕食昆虫。营树洞巢，每窝产卵3枚，卵白色。

103. 金喉拟啄木鸟

Golden-throated Barbet（*Psilopogon franklinii*）

金喉拟啄木鸟隶属于䴕形目拟啄木鸟科。体长约22.5厘米。雄鸟整体绿色；前额及枕部红色；顶冠及上喉部金黄色；具宽阔的黑色眼纹，并延伸至枕部；耳羽至下喉部灰白色；两翼带蓝紫色调；下体绿色稍浅；眼圈色浅；喙黑色，基部灰色。雌鸟似雄鸟，但两翼不沾蓝紫色。分布于中国西南地区、尼泊尔及中南半岛。栖息于潮湿的山地森林。主要采食无花果、浆果等。营树洞巢，每窝产卵2–5枚。

鹃形目

CUCULIFORMES

104. 鹰鹃

Large Hawk-cuckoo（*Hierococcyx sparverioides*）

鹰鹃隶属于鹃形目杜鹃科。体长38–40厘米。雌雄同型。成鸟头顶、两颊、枕部及颈部烟灰色，上体及两翼棕色，尾羽灰褐色、黑色、白色条带相间，下体白色，喉及上胸部具灰黑色纵纹，上胸部沾红褐色，两胁及腹部具黑色横纹，虹膜黄色。繁殖期分布于喜马拉雅山麓、中国南方及台湾地区；越冬期南迁至印度次大陆南部、马来群岛及菲律宾群岛。在中国西南部及中南半岛常年可见。栖息于落叶及常绿林带。主要捕食昆虫。将卵寄生于鹛类、捕蛛鸟、喜鹊等鸟的巢内，卵随寄主不同而颜色不同，有浅橄榄棕色带深色斑点、蓝色和白色三种。

105. 北鹰鹃

Rufous Hawk-cuckoo（*Hierococcyx hyperythrus*）

北鹰鹃隶属于鹃形目杜鹃科。体长28–30厘米。雌雄同型。成鸟头部、上体及两翼烟灰色；眼先沿脸颊至颈侧有一白色条纹，有时枕部有一白斑；尾灰色具黑色横纹；喉白色；下体浅红褐色；眼圈黄色；喙黑色，基部沾黄绿色。分布于中国东部地区、乌苏里地区、朝鲜半岛及日本，越冬南迁至婆罗洲。栖息于常绿阔叶林带及落叶林带。主要捕食昆虫类。将卵寄生于鹟科、鸲科、鹟科等鸟类的巢中，卵浅蓝色或浅蓝绿色。

106. 蓬冠地鹃

Rough-crested Malkoha（*Dasylophus superciliosus*）

蓬冠地鹃隶属于鹃形目杜鹃科。体长约38厘米。雌雄同型。成鸟整体呈辉黑色，上体带蓝色光泽，下体略偏棕色；尾羽羽端白色；显著特征为眉部长有细长的红色饰羽；虹膜黄色，眼周裸露红色或橙黄色皮肤；喙淡绿色，基部橙色。零星分布于菲律宾群岛。栖息于林地，也见于灌丛草地。主要捕食昆虫、蠕虫及蜥蜴。营巢于树干，每窝产卵约3枚，卵白色。

107. 鳞纹地鹃

Scale-feathered Malkoha（*Dasylophus cumingi*）

鳞纹地鹃隶属于鹃形目杜鹃科。体长约42厘米。雌雄同型。成鸟头部浅灰色，前额及喉部偏白色，头部中央及喉部中央有一道由具蓝黑色金属光泽的鳞状羽毛构成的纵纹，上体及胸部栗棕色，腹部渐深，两翼及腰羽黑色带蓝绿色金属光泽，尾羽辉黑色具白色羽端，虹膜红色，眼周裸露红色皮肤，喙浅黄色。分布于菲律宾北部地区。栖息于多种林地。主要捕食昆虫。营巢于浓密枝条间，每窝产卵2–3枚。

108. 翠金鹃

Asian Emerald Cuckoo（*Chrysococcyx maculatus*）

翠金鹃隶属于鹃形目杜鹃科。体长约17厘米。雄鸟头部、喉、上胸部及上体呈带有金属光泽的绿色，腹部及臀部白色且具铜绿色横纹，飞羽黑色，翼下有白色横纹，尾偏蓝色，眼圈及虹膜橙红色；雌鸟头顶及枕部浅红褐色，上体铜绿色，两侧尾羽具栗色和黑色横纹，喉及下体白色具古铜色横纹，虹膜棕色。分布于喜马拉雅山麓、中国西南部及台湾地区、中南半岛，冬季也见于印度南部、斯里兰卡及马来半岛北部。栖息于浓密的常绿林地。主要捕食昆虫。将卵寄生于太阳鸟及捕蛛鸟巢中，卵白色具红棕色杂斑。

109. 紫金鹃

Violet Cuckoo（*Chrysococcyx xanthorhynchus*）

紫金鹃隶属于鹃形目杜鹃科。体长约16厘米。雄鸟头部、喉、上胸部及上体呈带金属光泽的紫色；腹部及臀部白色，具黑紫色横纹；飞羽黑色；尾黑紫色，具白色羽端；眼圈及虹膜红色；喙黄色，基部橙色。雌鸟顶冠深棕色；上体铜棕色；中央尾羽绿色，外侧尾羽红褐色且具绿色横纹，最外侧尾羽黑白相间；头部及下体白色，具铜绿色横纹；虹膜和喙棕色。分布于东南亚大部分地区。栖息于次生常绿林地。主要捕食昆虫。卵寄生于太阳鸟及捕蛛鸟巢中。

鸽形目

COLUMBIFORMES

110. 吕宋鸡鸠

Luzon Bleeding-heart（*Gallicolumba luzonica*）

吕宋鸡鸠隶属于鸽形目鸠鸽科。胸部的红色斑块似流血的伤口，所以英文名为“Bleeding-heart”。体长约30厘米。体形丰满，尾短，腿长；前额和翼上覆羽浅蓝灰色，翼上有三道深红的斑纹；顶冠、后枕、胸侧及上体暗灰色并沾有虹彩。虹膜蓝色；嘴黑色，嘴基灰色；脚红色。分布于菲律宾北部吕宋岛及其邻近岛屿，分布海拔从海平面至1400米。栖息于原始林和次生林。以地面上的种子、落果、昆虫、蠕虫及其他无脊椎动物为食。

111. 巴氏鸡鸠

Mindanao Bleeding-heart（*Gallicolumba crinigera*）

巴氏鸡鸠隶属于鸽形目鸠鸽科。体长约30厘米。头部羽毛具有虹彩，颈部、上体羽毛绿色并有金属光泽，前额暗灰色，背部、次级飞羽、内侧覆羽和尾羽栗色，胸部暗红色毛发状的羽毛形成特征性的斑块，下胸部至腹部呈深红至奶油皮黄色。虹膜蓝色，嘴蓝色，脚红色。分布于菲律宾群岛。栖息于海拔100–600米的原始林和次生林。在丛林地面取食。

112. 雉鸠

Pheasant Pigeon（*Otidiphaps nobilis*）

雉鸠隶属于鸽形目鸠鸽科。体长42–50厘米。外形奇特：具有似雉类的长尾羽和修长的后肢，头顶和后枕冠羽墨绿色并具蓝色辉光，胸部及上体后部黑色，胸部和腹部也有蓝紫色金属光泽，上体及翅栗色。虹膜橙色至橙红色，嘴朱红色，脚黄色至橙红色。分布于巴布亚西部，分布海拔可高至1900米。主要栖息于山区和低地的热带雨林，生活习性与雉类相似，独居或成对活动。以种子和落果为食。鸣声响亮起伏且有不规律的重复。

113. 岩鸽

Hill Pigeon（*Columba rupestris*）

岩鸽隶属于鸽形目鸠鸽科。体长约31厘米。雄鸟头、颈和上胸为石板蓝灰色，颈和上胸缀金属铜绿色并极富光泽，颈后缘和胸上部具紫红色光泽，形成颈圈状；翼上具两道黑色横斑，尾上有宽阔的偏白色次端带。雌鸟与雄鸟相似，但羽色略暗。虹膜浅褐色；嘴黑色，蜡膜肉色；脚红色。分布于喜马拉雅山脉、中亚至中国的东北，可至海拔6000米。群栖于多峭壁崖洞的岩崖地带。叫声为反复的“咯咯”声，如人在打嗝；起飞和着陆时发出高调的“咕咕”颤音。

114. 雪鸽

Snow Pigeon（*Columba leuconota*）

雪鸽隶属于鸽形目鸠鸽科。体长约35厘米。雌雄羽色相似。头和颈上部乌灰色或石板灰色；眼周白色；后颈下部白色，形成一显著的白色领圈；上背、两肩及内侧小覆羽和次级飞羽淡褐色；下背白色；腰和尾上覆羽黑色；尾灰黑色，外侧尾羽基部白色，中央尾羽中部有一宽阔的白色带斑。虹膜黄色；嘴深灰色，蜡膜洋红；脚浅红。分布于喜马拉雅山脉及中国西部。常见于海拔3000–5200米，尤其见于喜马拉雅山脉较潮湿的地区。成对或结小群活动，滑翔于高山草甸、悬崖峭壁及雪原的上空。叫声为拖长的高音，求偶时的鸣声为“咕咕”声。

115. 原鸽

Rock Dove（*Columba livia*）

原鸽隶属于鸽形目鸠鸽科。体长约32厘米。通体石板灰色；颈部、胸部的羽毛具金属光泽，随观察角度的变化，羽毛颜色由绿到蓝到紫；翼上及尾端各有一条黑色横纹，尾部的黑色横纹较宽；尾上覆羽白色。虹膜褐色，嘴角质色，脚深红色。分布范围包括印度次大陆的部分地区、古北界南部。现已人工引种至世界各地，如今许多城镇都有野化的鸽群。原本为崖栖性的鸟，但很容易适应城市及庙宇周围的生活。结群活动，其特点是盘旋飞行。叫声如家鸽的“咕咕”叫声。

117. 灰林鸽

Ashy Wood Pigeon（*Columba pulchricollis*）

灰林鸽隶属于鸽形目鸠鸽科。体长约35厘米。特征为后枕具宽阔的皮黄色且带黑色鳞状斑的颈环。雌雄同色。上背有淡紫色或绿色光泽；头部灰色较上体浅；胸灰，至臀部渐变为灰白色；颏白；两肋略带紫灰；腋羽黑褐色。虹膜白色至黄色；嘴灰绿，基部紫色；脚红色。分布范围从青藏高原至喜马拉雅山脉，缅甸北部和泰国北部。在西藏南部及东南部、云南西部海拔1200–3200米的阔叶林中为罕见留鸟。单个、成对或成小群活动，性羞怯。叫声为深沉的“咕咕咕”声。

118. 黄胸鸡鸠

Sulawesi Ground Dove（*Gallicolumba tristigmata*）

黄胸鸡鸠隶属于鸽形目鸠鸽科。体长32–35厘米。雌雄体色相似，但雌鸟色彩较淡。前额呈鲜亮的金色，顶冠沾铜绿色；颈后部有紫色斑块；下胸部奶油金色，腹部和尾下覆羽白色；两胁皮黄色；上体橄榄棕色并伴有红色或铜绿色金属光泽。虹膜灰白色，嘴深紫色，脚紫红色。分布于苏拉威西群岛，分布海拔可从海平面到2000米。栖息于山区、低地的原始林。以浆果和种子为食，也吃昆虫和无脊椎动物。多成群在地面活动。

沙鸡目

PTEROCLIFORMES

119. 毛腿沙鸡

Pallas's Sandgrouse（*Syrrhaptes paradoxus*）

毛腿沙鸡隶属于沙鸡目沙鸡科。中央尾羽特别尖长，小腿上的羽毛又长又密，披及脚面，故又有“毛腿沙鸡”之称。体长约36厘米。上体具浓密的黑色杂点，脸侧有橙黄色斑纹，眼周浅蓝，腹部具特征性的黑色斑块。雄鸟胸部浅灰，无纵纹，黑色的细小横斑形成胸带；雌鸟喉具狭窄黑色横纹，颈侧具细点斑。飞行时翼形尖，翼下白色，次级飞羽具狭窄黑色缘。虹膜褐色，嘴偏绿，脚偏蓝，腿被羽。分布于中亚及中国北部。栖于开阔的贫瘠原野、无树草场及半荒漠，也光顾耕地。群鸟发出嘈杂的“喀喀”或“咕噜咕噜”声，也有快速重复的“咕喀瑞喀”声及生硬的“嚯嚯”声。

120. 西藏毛腿沙鸡

Tibetan Sandgrouse（*Syrrhaptes tibetanus*）

西藏毛腿沙鸡隶属于沙鸡目沙鸡科。体长约40厘米。翅与尾尖长，中央一对尾羽最长，羽片大部分为沙棕色，并具黑色横斑；头部至后颈白色，具有明显的黑斑，头的前方具纵纹，上背棕黄色，下背至尾上覆羽呈灰白色，下体棕白色；脚与趾密被短羽，脚趾连在一起，底部具有肉垫。虹膜褐色，嘴角质蓝色，脚偏蓝，腿被羽。分布于拉达克地区、帕米尔高原及青藏高原，我国见于在西藏、新疆西南部、四川西北部、青海南部。栖息于海拔3500-5100米的荒漠、半荒漠、高山草甸、草原及湖边草地等。冬季常集成数百只大群，在开阔地带觅食，飞行速度快，但飞得低。多以植物的嫩芽、种子为食，有时也吃鞘翅目的小昆虫。集群时群鸟发出的声音较为嘈杂。

121. 斑沙鸡

Spotted Sandgrouse（*Pterocles senegallus*）

斑沙鸡隶属于沙鸡目沙鸡科。体长30–35厘米。尾短，但中央尾羽尖长。胸部无环状带纹、腹部具黑色纵纹是其识别特征。喉部和头部两侧赭色或橙黄色。雌鸟头部色斑较浅，胸部和上体具有深色斑点。虹膜褐色，眼眶黄色；嘴灰蓝色；脚灰绿色。分布于非洲撒哈拉地区至埃及、厄立特里亚到索马里、阿拉伯半岛、伊朗、阿富汗、巴基斯坦至印度西北部。栖息于植被稀少的沙漠和半沙漠地区。以小而坚硬的种子为食，在清晨或黄昏取食和饮水。飞行时的叫声为响亮的双音节“喂—咔呜”声。

122. 花头沙鸡

Crowned Sandgrouse（*Pterocles coronatus*）

花头沙鸡隶属于沙鸡目沙鸡科。体长27–30厘米。尾羽短而尖细，下体无斑，飞行时翼下暗色明显。雄鸟头部具有赭黄色的冠纹，与黑色的面罩形成鲜明对比；雌鸟面部和喉部淡黄色，背部的斑纹比雄鸟密集。虹膜褐色，眼眶蓝色；嘴灰蓝色；脚岩灰色。分布于西非撒哈拉地区、埃及东部、阿拉伯半岛、伊朗、阿富汗及巴基斯坦。栖息于沙漠和半沙漠环境，包括极端酷热和干旱的生境，也见于山区的稀疏草地。主要以种子为食，也食嫩芽。叫声为轻柔的“喀啦喀啦”声，或者嘶哑而低沉的“喀—喀喀啦”声；警戒叫声为2–3次轻柔的双音节“嚯嚯”声。

123. 栗腹沙鸡

Chestnut-bellied Sandgrouse（*Pterocles exustus*）

栗腹沙鸡隶属于沙鸡目沙鸡科。体长31–33厘米。上体土灰色，翼下颜色较深，腹部深栗色。两枚中央尾羽最长。雄鸟具有黑色狭窄的胸环。虹膜褐色，眼眶灰绿色；嘴灰蓝色，末端色深；脚灰绿色。在非洲分布于撒哈拉以南塞内加尔至苏丹南部、埃塞俄比亚，呈带状狭长分布；在亚洲分布于印度次大陆和阿拉伯半岛东南边缘。分布海拔可高至1500米。典型的生境为具稀疏灌丛和荆棘丛的荒漠，也在农田区边缘、绿地和垃圾场活动。以小而坚硬的种子为食，在日出后2–3小时饮水。飞行时的叫声为有规律的三音节，集群时群鸟同时鸣叫，有似雁鸭类浓重的鼻音。

124. 彩沙鸡

Painted Sandgrouse（*Pterocles indicus*）

彩沙鸡隶属于沙鸡目沙鸡科。体长约28厘米。体小、尾短，背部和腹部具有褐色的条状细纹。雄鸟眼先有黑斑，前胸部的白色粗环与栗色的细条纹相间形成环状胸斑。雌鸟体色较雄鸟淡且偏灰，背部和腹部的黑色条纹较细，前胸无胸环。虹膜褐色，嘴橙棕色，脚土黄色。分布于巴基斯坦东北部至印度北部，向南至印度泰米尔那德邦。栖息于植被稀疏的山脚和高原上的灌丛或荆棘丛中。区域性游荡的留鸟，常在雨季结束时聚群。以种子、嫩芽和白蚁为食，在傍晚饮水。飞行时的叫声为一串急促沙哑的“唧唧嘁呵”或“喂嘁呵”声。

鸻形目

CHARADRIIFORMES

125. 黄脚三趾鹑

Yellow-legged Buttonquail（*Turnix tanki*）

黄脚三趾鹑隶属于鹆形目三趾鹑科。体长15–18厘米，属体型较小的三趾鹑。全身色彩斑杂。头顶暗色；眼周浅棕色，眼后色较暗；喉部白色；后颈部和胸部棕色；背部灰色，布满暗色斑块；两翅及腹部两侧棕色，布满黑色斑；腹部白色。分布于印度、东南亚至亚洲东部。国内在华南大部分地区为留鸟，繁殖期可迁徙至华中、华东和东北。多见于草地、稻田、废弃农田中的次生林和有杂草覆盖的竹丛等。主要取食谷物、草籽、嫩芽和无脊椎动物。营巢于高草丛中的地面浅坑，每窝产卵4枚。

126. 棕三趾鹑

Barred Buttonquail（*Turnix suscitator*）

棕三趾鹑隶属于鸻形目三趾鹑科。体长13.5–17.5厘米，属体型较小的三趾鹑。全身多棕色，色彩斑杂。两颊灰色，有暗色纹；头顶色暗；背部及两翅棕褐色，具淡色和暗色斑纹；胸部及腹部两侧白色，具黑色横纹；腹部棕色。雄鸟喉部色较淡，雌鸟喉部黑色。分布于印度、东南亚、中国南部至日本。国内分布于西藏东南部、云南、广西、广东、海南及台湾。在草地、甘蔗田、咖啡和茶叶种植园、荒漠地带、灌丛、竹丛及林缘生境活动，多靠近水源。主要取食草籽、嫩芽和无脊椎动物。营巢于靠近灌丛或棕榈树的草丛间的草甸上，每窝产卵2–6枚。

127. 大杓鹬

Far Eastern Curlew（*Numenius madagascariensis*）

大杓鹬隶属于鸻形目丘鹬科。体长53–66厘米。嘴长且向下弯曲，长度可达18.4厘米；上体暗棕色且花纹驳杂，颈部及下体黄色且密布细密的短纵纹。繁殖于西伯利亚东部、中国东北等地，喜好开阔的多苔藓沼泽、湿地草甸以及小湖的沼泽边缘；过境以及越冬于日本、中国东部及台湾地区、印度尼西亚、新几内亚、澳大利亚、新西兰等地，喜好海滩、河口、红树林沼泽、盐碱湿地等生境。以昆虫、浆果、海洋无脊椎动物等为食。

128. 勺嘴鹬

Spoon-billed Sandpiper（*Calidris pygmaea*）

勺嘴鹬隶属于鸻形目丘鹬科。体长14–16厘米，是一种嘴形呈独特勺状的鸻鹬。繁殖羽头部、颈部和胸部棕红色且多具深棕色纵纹，眉纹白色，上体黑色、浅棕红色、黄色花纹驳杂，下体其余部位白色；非繁殖羽不具红色，上体浅棕灰色，下体及眉纹白色。繁殖于俄罗斯东部，筑巢于临近湖、河口或沼泽的散布植被的浅滩，也会选择多碎石的苔原沼泽地；过境于朝鲜、韩国、中国东部沿海等地；越冬于东南亚、菲律宾、中国南部沿海等地。喜好海滨泥滩地。以陆生昆虫、水生无脊椎动物、小型植物种子等为食。

129. 鹮嘴鹬

Ibisbill（*Ibidorhyncha struthersii*）

鹮嘴鹬隶属于鸻形目鹮嘴鹬科。体长39–41厘米，是一种极易于辨识的鸻鹬。红色的嘴长且向下弯曲，长度6.8–8.2厘米；上体青灰色，下体白色；嘴基、头顶及颏黑色，且黑色边缘具有一道连续的白色细纹；头部、颈部蓝灰色；具有一道白色细胸带和一道黑色宽胸带。分布于哈萨克斯坦、中亚、中国西北大部及喜马拉雅山区。喜好大鹅卵石较多的清澈溪流，其自身羽色常能与环境融为一体。主要以水生无脊椎动物和鱼类为食。

130. 埃及鸻

Egyptian Plover（*Pluvianus aegyptius*）

埃及鸻隶属于鸻形目埃及鸻科。体长19–22厘米，是一种羽色鲜明且独特的鸻鹬。顶冠、过眼纹及颈后部黑色；背中部黑色，外缘具有连续的白色条纹；眉纹白色；黑色胸带下有一道白色胸带；下体黄色；翼上覆羽、背部两侧、尾羽及腿蓝灰色，尾羽端部白色；飞羽黑白条纹交错，飞行时十分明显。分布于非洲中部，曾沿着尼罗河一直分布到埃及，现已在埃及灭绝。喜好碎石、沙砾较多的低地热带大河流。以蠕虫、软体动物、水生昆虫等为食。

131. 黑翅燕鸻

Black-winged Pratincole（*Glareola nordmanni*）

黑翅燕鸻隶属于鸻形目燕鸻科。体长23–26厘米。上体棕色，腰白色，飞羽及叉尾黑色，喉部黄色且具有黑色细边界，胸部棕色，腹部白色，嘴黑色且嘴基红色。繁殖于欧洲东南部、俄罗斯、哈萨克斯坦等地，喜好盐碱草原、草地、耕地、河谷和湖滨等生境；越冬于非洲南部及西部，喜好开阔的高海拔草地或者低洼泥滩。以飞行的昆虫为食，如蝗虫、蚱蜢、蟋蟀、甲虫等。

132. 灰燕鸻

Small Pratincole（*Glareola lactea*）

灰燕鸻隶属于鸻形目燕鸻科。体长15.5–19厘米。上体及翅膀沙石灰色，前额棕色，眼先黑色，腰及尾基部白色，尾羽次端斑黑色，初级飞羽黑色，喉部及胸部皮黄色，腹部及尾下覆羽白色。分布于阿富汗、巴基斯坦、印度、斯里兰卡、中国云南、中南半岛等地。喜好多沙洲、石滩的大河流及溪流。以甲虫、白蚁、蚊蝇等昆虫为食。

133. 印度走鸻

Indian Courser（*Cursorius coromandelicus*）

印度走鸻隶属于鸻形目燕鸻科。体长23–26厘米。顶冠栗红色，眉纹白色，过眼纹黑色，脸颊、颈部及胸部黄色，上体、翅膀及两胁灰棕色，初级飞羽黑色，尾羽白色，腹部黑色，尾下覆羽及尾羽腹侧白色。分布于巴基斯坦、尼泊尔、斯里兰卡及印度等地。喜好干燥多石的平原、盐碱荒野、牧场和散布灌丛的耕地等生境。以甲虫、蚂蚁等昆虫和小型软体动物为食。

134. 水雉

Pheasant-tailed Jacana（*Hydrophasianus chirurgus*）

水雉隶属于鸻形目雉鸻科。体长39–58厘米，其中尾羽长25–35厘米，是唯一一种繁殖羽不同于非繁殖羽的水雉。繁殖羽通体黑色，头部及颈前部白色，白色区域后有一道黑色连续条纹，枕部及颈后部为金黄色，翅膀为极其醒目的白色；非繁殖羽上体棕色，下体白色，尾羽较短，枕部及颈部为浅黄色，顶冠棕红色。分布于亚洲南部的广大区域。喜好宽阔的淡水湿地生境，筑巢于水生植物之上。以昆虫及水生无脊椎动物为食。

135. 海鸽

Pigeon Guillemot（*Cepphus columba*）

海鸽隶属于鸻形目海雀科。体长30–37厘米。通体棕黑色，翅膀上具有白色块斑，翅下灰白色，嘴长，脚橙黄色；冬季时，上体灰色且具有白纹，下体近乎白色。分布于太平洋北岸的亚洲东北部及北美洲西南部。夏季喜好多岩石的海岸线，冬季喜好有庇护所的小海湾。繁殖于浅海边的悬崖及陡坡。以各类小型海生底栖鱼类、虾蟹、软体类等无脊椎动物为食。

鸨形目

OTIDIFORMES

136. 凤头鸨

Lesser Florican（*Sypheotides indicus*）

凤头鸨隶属于鸨形目鸨科。雄鸟体长约46厘米，雌鸟体长约51厘米。雄鸟头部黑色，头上具有长且弯曲的匙状饰羽；颈部及下体黑色，颈长且细；肩部及翅上覆羽白色；上体褐色及黑色花纹驳杂；嘴及腿黄色。雌鸟通体棕褐色及黑色驳杂，头部没有装饰羽毛。分布于印度、尼泊尔、巴基斯坦等地。喜好开阔平坦的草地，也会出现于灌丛、林地及玉米田。以植物嫩芽、种子、浆果等为食，也捕食蚱蜢、甲虫、蜈蚣、蜥蜴及蛙类等动物。

137. 波斑鸨

MacQueen’s Bustard（*Chlamydotis macqueenii*）

波斑鸨隶属于鸨形目鸨科。雄鸟体长65–75厘米，雌鸟体长55–65厘米。雄鸟上体沙色且密布暗棕色花纹，顶冠白色且具有少量黑色羽毛，颈前侧蓝灰色，头部黄色，颈侧及胸侧具有黑色连续宽纹；雌鸟颈部的丝状羽毛较少，头部也鲜有羽冠。分布于中亚、印度、哈萨克斯坦、蒙古、中国新疆及内蒙古等地。喜好开阔平坦且长有草丛的干旱半荒漠。属于机会主义杂食者，以植物果实、种子、叶及花等为食，也捕食昆虫等无脊椎动物和小型蜥蜴、蛇类等脊椎动物。

鹳形目

CICONIIFORMES

138. 白头鹮鹳

Painted Stork（*Mycteria leucocephala*）

白头鹮鹳隶属于鹳形目鹳科。体长93–102厘米。黄色的嘴长且略微向下弯曲，脸部裸皮红色，头部、颈部、下体及上体白色，胸部具有黑色宽带，翅膀上具有白色、黑色及粉色的花纹，腿红色。分布于印度、巴基斯坦、斯里兰卡、中南半岛等地。喜好各类浅淡水湿地生境，如湖泊、沼泽草地、河滨及农田。在近水的大树上营巢。主要以鱼类为食，也捕食蛙类、爬行类、甲壳动物及昆虫等。

鹤形目

GRUIFORMES

139. 白胸苦恶鸟

White-breasted Waterhen（*Amaurornis phoenicurus*）

白胸苦恶鸟隶属于鹤形目秧鸡科。体长28–33厘米，是一种体型较大、羽色鲜明的秧鸡。嘴黄色，上嘴基部蜡膜红色，虹膜红色，脸部、颈前部及下体中央白色，两胁黑色，尾下覆羽棕红色，头顶、上体及翅膀暗蓝黑色，腿黄色。分布于亚洲南部的广大区域。喜好多芦苇或水草的沼泽、水稻田以及河滨、湖滨等生境。以蠕虫、软体动物、昆虫、小型鱼类以及水生植物的根、茎、叶、种子等为食。

雁形目

ANSERIFORMES

140. 鸳鸯

Mandarin Duck（*Aix galericulata*）

鸳鸯隶属于雁形目鸭科。体长41–51厘米，是一种雌雄异型且雄鸟羽色异常鲜艳的鸭类。雄鸟具有醒目的白色宽眉纹，颈部金色，背部的长羽毛及翅膀收拢后有独特的橙色帆状饰羽，嘴红色，嘴尖具有粉红色的甲片，通体红、蓝、绿、黄、棕、白多色驳杂；雌鸟色彩暗淡，具有醒目的白色眼圈及眼后线。分布于亚洲东部。喜好密林附近的池塘、湖泊、河流和沼泽等生境。以植物种子、坚果、谷物、水生植物、蜗牛、蛙类、蝌蚪、昆虫和鱼类等为食。

鸥形目

LARIFORMES

141. 黑腹燕鸥

Black-bellied Tern（*Sterna acuticauda*）

黑腹燕鸥隶属于鸥形目鸥科。体长32–35厘米。繁殖羽整个顶冠黑色，嘴黄色，翅膀及背部灰色，喉部、颈侧及胸部白色，腹部及翅下覆羽黑色，腿红色；非繁殖羽前额白色，眼后线黑色，嘴黄色且嘴尖黑色。分布于印度、孟加拉国、缅甸、泰国、老挝、柬埔寨和中国云南等地。喜好内陆湖泊、河流中的沙洲。以昆虫和小型鱼类为食。

世界博物学经典图谱

亚洲鸟类

（中）

[英] 约翰·古尔德 著
John Gould

宋刚 贺鹏 张瑞莹 李思琪 赵敏 编

中国青年出版社

目　录

雀形目

鸡形目

GALLIFORMES

142. 黑琴鸡

Black Grouse（*Lyrurus tetrix*）

黑琴鸡隶属于鸡形目雉科。体长40-60厘米。雌雄体型和体色差异明显。雄鸟全身羽毛黑色，具有蓝绿色的金属光泽；红色的冠状肉瘤形成眉块，翅上有白色斑块；三对外侧尾羽延长，并向外弯曲，与西洋古琴的形状十分相似，所以有“黑琴鸡”的美名。雌鸟羽毛大都是棕褐色，布满黑色和赭褐色横斑。虹膜褐色，喙暗褐色，腿暗褐色。亚种分化较多。分布范围由欧洲西部及北部至西伯利亚及朝鲜。栖息的海拔高度一般在600-900米，活动于针叶林、针阔叶混交林或森林草原地区。善于鸣叫，尤其是雄鸟，能颤动整个身体，发出一连串类似于吹水泡和拉风箱的美妙歌声。

143. 斯里兰卡鸡鹑

Sri Lanka Spurfowl（*Galloperdix bicalcarata*）

斯里兰卡鸡鹑隶属于鸡形目雉科。体长30–35厘米。雄鸟易于辨识：尾部和翅栗色，上体、肩羽和翼上覆羽具有白色纵纹，前胸至腹部鳞状的白色羽毛具黑色羽缘，眼周裸皮呈红色。雌鸟通体呈栗色，头部棕灰，喉部白色。虹膜棕黄至棕红色，嘴红色，脚红色。分布于斯里兰卡海拔高至2100米的原始森林潮湿地带，偶尔见于东南部的干旱地区。以种子、浆果、白蚁及其他昆虫为食，尤其喜欢紫云菜属植物的种子。成群或以小家庭单元活动。雄性鸣声较为典型，为“吁啷啷，吁啷啷……”，也有“突，突，突……奇科奇科”的音节类型。

144. 赤鸡鹑

Red Spurfowl（*Galloperdix spadicea*）

赤鸡鹑隶属于鸡形目雉科。体长35–38厘米。体态较修长，尾羽颜色较暗，上体鳞状斑纹较为明显。雌鸟与雄鸟相比顶冠颜色较深，背部的鳞状斑纹较窄且颜色较深。虹膜棕黄色，嘴红色，脚红色。分布于印度次大陆，分布海拔为300–1250米，在局部地区可高至2300米。栖息的生境类型多样，包括干旱和潮湿的山地灌丛以及竹林。主要在林中取食种子、浆果，也吃无脊椎动物。常于清晨和黄昏在林间小路和农田边缘地带活动，成3–5只的小群。雄性鸣声为急促的“喀喀”重复声，后转为紧张的“咯咯”声，然后以粗嚷的吠声结束。

145. 彩鸡鹑

Painted Spurfowl（*Galloperdix lunulata*）

彩鸡鹑隶属于鸡形目雉科。体长27–34厘米。雄鸟白色密集的斑点是其辨识特征，头、胸、翅和尾部深绿色，上体、翼上覆羽、臀部和胁部栗色。雌鸟面部栗色或褐色，喉部皮黄色，胸部赭黄色。虹膜棕色，嘴棕色，脚棕灰至深灰色。分布于印度次大陆东部的恒河平原以及孟加拉西部，分布海拔低于1000米。栖息于干旱地区的荆棘灌丛及竹林。以种子、草茎和浆果为食，也取食小型陆生软体动物、昆虫和白蚁。

146. 红头林鹧鸪

Crimson-headed Partridge（*Haematortyx sanguiniceps*）

红头林鹧鸪隶属于鸡形目雉科。体长约25厘米。体色的鉴别特征明显。雌雄个体色型相似，头、颈和最长的尾下覆羽深红色，余部羽毛灰黑色。虹膜棕色并有黄色的眼底，嘴黄色，脚灰色。雌鸟无距，体色更偏棕黑色，喉、颈、胸偏橙褐色。分布于婆罗洲北部的山区，海拔范围1000–1700米。主要栖息于低山森林、河流冲积平原和山地丛林。以浆果和昆虫为食。鸣声为重复的双音节“嗯吭—嗯吭”声，也有刺耳响亮的叫声。

147. 赤胸山鹧鸪

Red-breasted Partridge（*Arborophila hyperythra*）

赤胸山鹧鸪隶属于鸡形目雉科。体长约25–27厘米。喉至胸红褐色、两胁有黑白色点斑为其识别特征。雄鸟上体暗褐色，羽毛末端具有黑色细纹，翼羽末端具有黑色宽斑。雌鸟与雄鸟体色相似但体型较小，两胁的黑白色斑较小且偏棕。虹膜灰色，嘴黑色，脚橙红色。分布于婆罗洲中北部的山区，海拔范围600–1890米，局部地区可高至3050米。活动于原始林和低山地带的次生林，栖息于浓密灌丛和竹林。主要以种子、水果及昆虫为食。鸣声为双音节，先发出一串清亮的哨声，稍后声调和节拍逐渐上升。

148. 台湾灰胸竹鸡

Taiwan Bamboo Partridge（*Bambusicola sonorivox*）

台湾灰胸竹鸡隶属于鸡形目雉科。体长约33厘米。脸、颈侧及上胸灰蓝色，颏及喉栗色；上背、胸侧及两胁有月牙形的大块褐斑；外侧尾羽栗色；前胸蓝灰色，向上延伸至两肩和上背，形成环状，环后缘至两胁变为栗红色斑纹；后胸、腹和尾下覆羽棕黄色；飞行时翼下有两块白斑。雌鸟和雄鸟相似，但稍小，且跗蹠无距。虹膜红褐，嘴褐色，脚绿灰色。是灰胸竹鸡的亚种之一，只作为留鸟分布于中国台湾地区，为台湾特有亚种。以家庭群栖居。飞行笨拙、径直。活动于干燥的矮树丛、竹林灌丛。善鸣叫，鸣声尖锐而响亮，雌鸟发出单调的“嘀、嘀”短声，雄鸟声音及声调酷似“扁罐罐、扁罐罐”，常连续鸣叫数十次，特别在繁殖期连鸣不已。

149. 斑翅山鹑

Daurian Partridge（*Perdix dauurica*）

斑翅山鹑隶属于鸡形目雉科。体长约28厘米。雄鸟头顶、枕和后颈暗灰褐色，具棕白色羽干纹，纹末端常扩大成点；脸、喉中部及腹部橘黄色，下胸至腹部中央具马蹄形黑色块斑；喉侧羽长而尖，呈须状。雌鸟羽色和雄鸟基本相同，但胸部无橘黄色及黑色。虹膜棕色，嘴近黄，脚黄色。分布范围从中亚至西伯利亚、蒙古及中国北部，在我国分布于新疆西北部、青海、甘肃、内蒙古、陕西、宁夏、山西、河北及东北。栖息于森林草原、灌丛草地、低山丘陵和农田荒地等各类生境中，多在向阳、避风少雪处活动，晚上成群栖于低地。除繁殖期外常成群活动，特别是在秋季和冬季，常成15至25只、甚至50只的大群活动，冬末群体逐渐变小，到繁殖期则完全成对活动。叫声为典型的“嘎嘎”声。

150. 高原山鹑

Tibetan Partridge（*Perdix hodgsoniae*）

高原山鹑隶属于鸡形目雉科。体长约28厘米，是一种体形略小的灰褐色鹑类。雌雄体色相似，具醒目的白色眉纹和特有的栗色颈圈，眼下脸侧有黑色点斑；上体黑色横纹密布，外侧尾羽棕褐色；下体显黄白，胸部具很宽的黑色鳞状斑纹并延伸至体侧。虹膜红褐色，嘴角质绿色，脚淡绿褐色。分布范围为喜马拉雅山脉及西藏高原。在我国具有多个亚种分化，主要分布于西藏西部、南部、东南部、东部，四川西北部，青海南部、北部，甘肃。见于海拔2800–5200米具稀疏灌丛的多岩山坡上。有季节性垂直迁徙现象。多以10–15只个体成群活动。不喜飞行，善于奔跑，即使在受惊时也不起飞，而是在地上疾速奔跑逃窜，一边叫一边很快分散。

151. 雪鹑

Snow Partridge（*Lerwa lerwa*）

雪鹑隶属于鸡形目雉科。体长约35厘米。通体灰色，上体、头、颈和尾具黑色及白色细条纹，背、两翼淡染棕褐色，胸、腹栗色，羽缘具有白斑，尾部有宽度几乎相等的黑白相间的横斑。虹膜红褐，嘴绯红，脚橙红。分布于喜马拉雅山脉、青藏高原至中国中部；我国有三个亚种，分别分布于西藏南部、四川、甘肃南部及四川北部。常活动于生有高山灌丛、苔藓、地衣等的多岩陡坡上，夏季多在海拔4000米以上，冬季可下降至2000米。叫声尖细而短促，雄鸟叫声连续，不断加快且升高音调；雌鸟叫声较低沉且较少鸣叫。

152. 漠鹑

See-see Partridge（*Ammoperdix griseogularis*）

漠鹑隶属于鸡形目雉科。体长22–25厘米，属体型较小的鹑。雄鸟头部灰色，眼前、后各有一块白斑，前额和眉纹黑色，颈部两侧布满白色小斑点，胸部、背部及两翅灰色或棕色，腹部两侧有黑、白、棕三色相间的横纹；雌鸟全身多浅棕或灰色，并布满细小的暗色和淡色斑纹。分布于西亚和中亚部分国家，国内无分布。在植物覆盖较少的干旱多石地带活动。主要取食嫩芽、叶、种子和浆果，也吃昆虫。营巢于有草或岩石遮蔽的地上，每窝产卵6–9枚。

153. 沙鹑

Sand Partridge（*Ammoperdix heyi*）

沙鹑隶属于鸡形目雉科。体长22–25厘米，属体型较小的鹑。雄鸟头部棕色或灰色，眼前、后各有一块白斑，颈部、胸部和背部均为棕色，背部及两翅有暗色斑块，腹部两侧有黑、白、棕相间的横纹；雌鸟全身多浅棕色，并布满细小的暗色斑纹。分布于红海沿岸的埃及、沙特阿拉伯、也门和阿曼等国，国内无分布。多在植被较少的荒漠和半荒漠的峭壁、岩石斜坡活动。杂食性，主要取食种子、浆果和蝗虫。营巢于有岩石或灌木遮蔽的地面凹陷或峭壁基部，每窝产卵5–14枚。

154. 红嘴林鹑

Painted Bush Quail（*Perdicula erythrorhyncha*）

红嘴林鹑隶属于鸡形目雉科。体长16–18厘米，属体型较小的鹑。雄鸟嘴和脚红色；眉纹和喉部白色；前额和眼周黑色，眼后褐色；头顶至背部、胸部褐色；两翅褐色并布满黑色斑纹；腹部棕色，两侧有黑色纹。雌鸟头部棕色或褐色，其他部位与雄鸟相似。仅分布于印度。活动于草地、灌木丛、林缘和农田。主要取食杂草、种子、谷物、绿色植物及昆虫。营巢于有草或灌丛遮蔽的地面浅坑，每窝产卵4–7枚。

155. 丛林鹑

Jungle Bush Quail（*Perdicula asiatica*）

丛林鹑隶属于鸡形目雉科。体长15–18厘米，属体型较小的鹑。雄鸟眼上方有一道红色和一道白色纹；喉部红色；眼后褐色；从头顶至背部及两翅为褐色，布满暗色或淡色纵纹；胸部和腹部布满黑白相间的横纹。雌鸟胸部和腹部为棕色，其他部位与雄性相似，但淡色斑纹较少。仅分布于印度。常在草地和落叶林间的干旱多石灌木丛活动。主要取食种子及昆虫等。营巢于有植被覆盖的地面浅坑，每窝产卵5–6枚。

- 349 -

156. 岩林鹑

Rock Bush Quail（*Perdicula argoondah*）

岩林鹑隶属于鸡形目雉科。体长15–18厘米，属体型较小的鹑。雄鸟前额和喉部红色；眉纹白色；头顶向后至颈部和背部以及两翅均为褐色，并有淡色或暗色斑纹；胸部和腹部两侧有黑白相间的横纹。雌鸟则全身均为棕色，背部和两翅色较暗。仅分布于印度。活动于海拔600米以下的半干旱环境，如散布多刺灌丛的干旱开阔平原。营巢于岩石下的地面，每窝产卵5–6枚。

157. 蓝胸鹑（***chinensis*** 亚种）

Asian Blue Quail（*Synoicus chinensis chinensis*）

蓝胸鹑（*chinensis*亚种）隶属于鸡形目雉科。体长12–15厘米，属体型较小的鹑。雄鸟头顶至后颈、背部和尾部褐色，并布满暗色斑纹；从眼周两侧向下至胸部和腹部两侧均为蓝灰色；喉部黑色，两侧及相邻的胸部各有一块白斑；腹部棕红色；脚橙色。雌鸟全身褐色或棕色，脸颊至胸腹部色较淡，布满暗色横纹。分布于印度、东南亚、中国南部直至澳大利亚之间的各个岛屿；国内罕见，仅见于南部及东部的部分地区。活动于潮湿而茂盛的草地、灌丛以及湿地、农田边缘，主要取食草籽、绿叶植物和小型昆虫。营巢于有茂密植被覆盖的地面凹陷处，每窝产卵4–7枚。

158. 蓝胸鹑（*colletti*亚种）

Asian Blue Quail（*Synoicus chinensis colletti*）

蓝胸鹑（*colletti*亚种）隶属于鸡形目雉科。体长12–15厘米，属体型较小的鹑。雄鸟头顶至后颈、背部和尾部褐色，并布满暗色斑纹；从眼周两侧向下至胸部和腹部两侧均为蓝灰色；喉部黑色，两侧及相邻的胸部各有一块白斑；腹部棕红色；脚橙色。雌性全身褐色或棕色，脸颊至胸腹部色较淡，布满暗色横纹。该亚种分布于澳大利亚西部和阿纳姆地。活动于潮湿而茂盛的草地、灌丛以及湿地、农田边缘。主要取食草籽、绿叶植物和小型昆虫。营巢于有茂密植被覆盖的地面凹陷处，每窝产卵4–7枚。

159. 喜马拉雅鹑

Himalayan Quail（*Ophrysia superciliosa*）

喜马拉雅鹑隶属于鸡形目雉科。体长约25厘米，属体型较小的鹑。雄鸟全身暗灰色并布满黑色纵纹，嘴和脚红色，眉纹白色，脸颊及喉部黑色，臀部有黑白相间的横纹；雌鸟全身棕色，布满暗色斑纹。分布区十分狭小，仅分布于印度北部的一小块地区。常在有高草和灌丛覆盖的朝南的山坡活动。主要取食草籽，也吃浆果和昆虫等。

160. 黑胸鹌鹑

Rain Quail（*Coturnix coromandelica*）

黑胸鹌鹑隶属于鸡形目雉科。体长16–18厘米，属体型较小的鹑。雄鸟头顶向下至背部和尾部均为褐色，并布满淡色或暗色纵纹；眉纹白色；两颊及喉部有黑白相间的条纹；胸部黑色，腹部白色。雌性与雄性相似，但喉部无黑纹，胸部为棕色。分布于巴基斯坦东部至缅甸、泰国北部和中部以及印度大部分地区。一般在较开阔生境活动，如草地、农田、干旱灌丛、沼泽、花园及矮树丛林。主要取食草籽和昆虫。营巢于有农作物、草丛或灌木生长的地面浅坑中，每窝产卵4–6枚。

161. 鳞背鹇

Bulwer’s Pheasant（*Lophura bulweri*）

鳞背鹇隶属于鸡形目雉科。雄鸟体长77–80厘米，雌鸟体长约55厘米，属体型较大的雉类。雄鸟全身黑色，眼周有蓝色肉冠和肉垂，颈部泛红，尾白色而蓬松，脚红色，身体其余部分蓝黑色并具金属光泽，背部具鳞状斑纹；雌鸟全身褐色，眼周蓝色。图中所绘，其尾部颜色恐有错讹之处。仅分布于婆罗洲。在海拔较低山坡上的原始森林活动。杂食性，主要取食蚂蚁、白蚁及直翅目昆虫，也吃种子。营巢于热带树木板状根之间的地面上，每窝产卵3–5枚。

162. 鳞背鹇（雄）

Bulwer's Pheasant（*Lophura bulweri*）

鳞背鹇隶属于鸡形目雉科。图中所绘为其雄鸟。雄鸟体长77–80厘米，属体型较大的雉类。雄鸟眼周有蓝色肉冠和肉垂，颈部泛红，尾白色而蓬松，脚红色，身体其余部分蓝黑色并具金属光泽，背部具鳞状斑纹。仅分布于婆罗洲。在海拔较低山坡上的原始森林活动。杂食性，主要取食蚂蚁、白蚁及直翅目昆虫，也吃种子。营巢于热带树木板状根之间的地面上，每窝产卵3–5枚。

163. 黑鹇（*lineata*亚种）

Kalij Pheasant（*Lophura leucomelanos lineata*）

黑鹇（*lineata*亚种）隶属于鸡形目雉科。雄鸟体长63–74厘米，雌鸟体长50–60厘米，属体型较大的雉类。雄鸟全身多灰色；眼周具红色肉冠和肉垂；头顶有黑色羽冠向后伸出；颈背灰色；两翅暗灰色；腹部黑色；尾灰色，至端部则渐渐变为白色。雌鸟全身棕色，眼周红色，头顶有棕色羽冠向后伸出，腹部有淡色纵纹，尾部色较淡。该亚种分布于缅甸南部至泰国西部。活动于多种生境，包括林下植被丰富的常绿林、阔叶林以及灌木丛茂密的废弃农田、次生林等。杂食性，主要取食各种竹类种子、块茎和白蚁等。常营巢于水源附近林下植被丰富的地面凹陷处，每窝产卵6–9枚。

164. 凤冠火背鹇

Crested Fireback（*Lophura ignita*）

凤冠火背鹇隶属于鸡形目雉科。雄鸟体长65–70厘米，雌鸟体长56–57厘米，属体型中等的雉类。雄鸟眼周具蓝色肉冠和肉垂，头顶有蓝黑色羽冠，背部后方暗红色，腹部红棕色，尾羽后部为黄色，脚黄色，身体其余部分均为蓝黑色；雌鸟多褐色，眼周蓝色，具褐色羽冠，腹部有白色条纹。分布于婆罗洲及附近岛屿。多在低地森林活动，主要取食绿叶、种子和昆虫。

165. 蓝腹鹇

Swinhoe's Pheasant（*Lophura swinhoii*）

蓝腹鹇隶属于鸡形目雉科。雄鸟体长约79厘米，雌鸟体长约50厘米，属体型较大的雉类。雄鸟全身多暗蓝色，眼周有红色肉冠和肉垂，头顶白色，背部有一块白斑，两翅肩部各有一块红斑，尾上最长的几根羽毛为白色，脚红色；雌鸟多褐色，眼周红色，两翅及尾上具淡色斑点或斑纹。中国台湾特有种，仅分布于台湾岛。在地下植被茂盛的林中活动。食物多样，包括橡子、浆果、嫩芽、叶子等，也吃白蚁和其他昆虫及其幼虫。营巢于岩石下或树木基部，每窝产卵4–8枚。

166. 白鹇

Silver Pheasant（*Lophura nycthemera*）

白鹇隶属于鸡形目雉科。雄鸟体长120–125厘米，雌鸟体长70–71厘米，属体型较大的雉类。雄鸟全身黑白色；头顶黑色并有黑色羽向后伸出；眼周有红色肉冠和肉垂；喉至胸腹黑色；颈背和两翅白色至灰色或暗灰色，翅上有条纹；尾较长，白色或灰色；脚红色。雌鸟全身棕色；眼周红色；腹部棕色或灰色，具条纹；尾较短；脚红色。分布范围从中国南部至东南亚各国。国内分布于福建、广东、广西、海南、贵州、四川及云南。在各种原始或次生森林中活动。主要取食植物种子和果实等。营巢于陡峭的山坡上，每窝产卵5–12枚。

167. 彩雉

Cheer Pheasant（*Catreus wallichii*）

彩雉隶属于鸡形目雉科。雄鸟体长90–118厘米，雌鸟体长61–76厘米，属体型较大的雉类。雄鸟全身灰色和棕色较多；头顶暗灰色，具向后羽冠；眼周红色；喉部、脸颊和颈部白色；胸部和背部灰白色，具斑点；两翅棕色，具横纹；腹部淡棕色，具横纹；尾较长，棕色和褐色相间。雌鸟体色比雄鸟暗，喉部白色，背部和两翅近褐色，腹部具红棕色斑块，尾较短。分布范围从巴基斯坦东北部沿喜马拉雅山脉至尼泊尔中西部。活动于杂草和灌木覆盖的陡峭山脊。主要取食植物块茎、球茎、种子和昆虫幼虫等。常营巢于险峻的地方，如悬崖峭壁的基部等，每窝产卵8–10枚。

168. 红腹锦鸡

Golden Pheasant（*Chrysolophus pictus*）

红腹锦鸡隶属于鸡形目雉科。雄鸟体长100–115厘米，雌鸟体长61–70厘米，属体型较小的雉类。雄鸟全身色彩艳丽：头顶金黄色，向上蓬起；后颈部黄色，有黑色横纹；背部绿色，具金属光泽；两翅蓝色，翅缘白色；背部后方橙黄色，并有几根羽毛向后伸出；腹部红色；尾较长，布满白色斑点；脚黄色。雌鸟则全身暗淡，布满黑色和棕色相间的横纹。为中国中部特有种，仅分布于青海东南部、甘肃南部、四川、陕西南部、湖北西部和贵州等地。在灌丛和竹子茂密的山谷间活动，偶尔见于农田边缘。主要取食灌木的嫩芽和叶、竹笋和嫩竹叶、杜鹃花等，也吃蜘蛛和昆虫。营巢于山脊线附近视野开阔处，每窝产卵5–13枚。

169. 白腹锦鸡

Lady Amherst’s Pheasant（*Chrysolophus amherstiae*）

白腹锦鸡隶属于鸡形目雉科。雄鸟体长130–173厘米，雌鸟体长66–68厘米，属中等体型的雉类。雄鸟全身色彩斑杂：头部蓝黑色，头后有一块红斑；眼周淡蓝色；后颈部有一片蓬松的黑白相间的羽毛；胸部蓝黑色；背部绿色，有金属光泽；两翅蓝色，翅缘白色；背部后方黄色至红色；腹部白色；尾极长，黑白相间。雌鸟多棕色，全身布满暗色横纹，腹部及后颈部色较淡。分布于缅甸东北部和中国西南部，现已引种至欧洲。国内仅分布于西藏东南部、云南北部以及四川、贵州和广西的部分地区。活动于竹林、树木覆盖或灌木茂盛的山中。主要取食蜘蛛、小甲虫和蕨类植物，尤其是竹笋。营巢于灌木丛或倒木下的地面浅坑处，每窝产卵6–12枚。

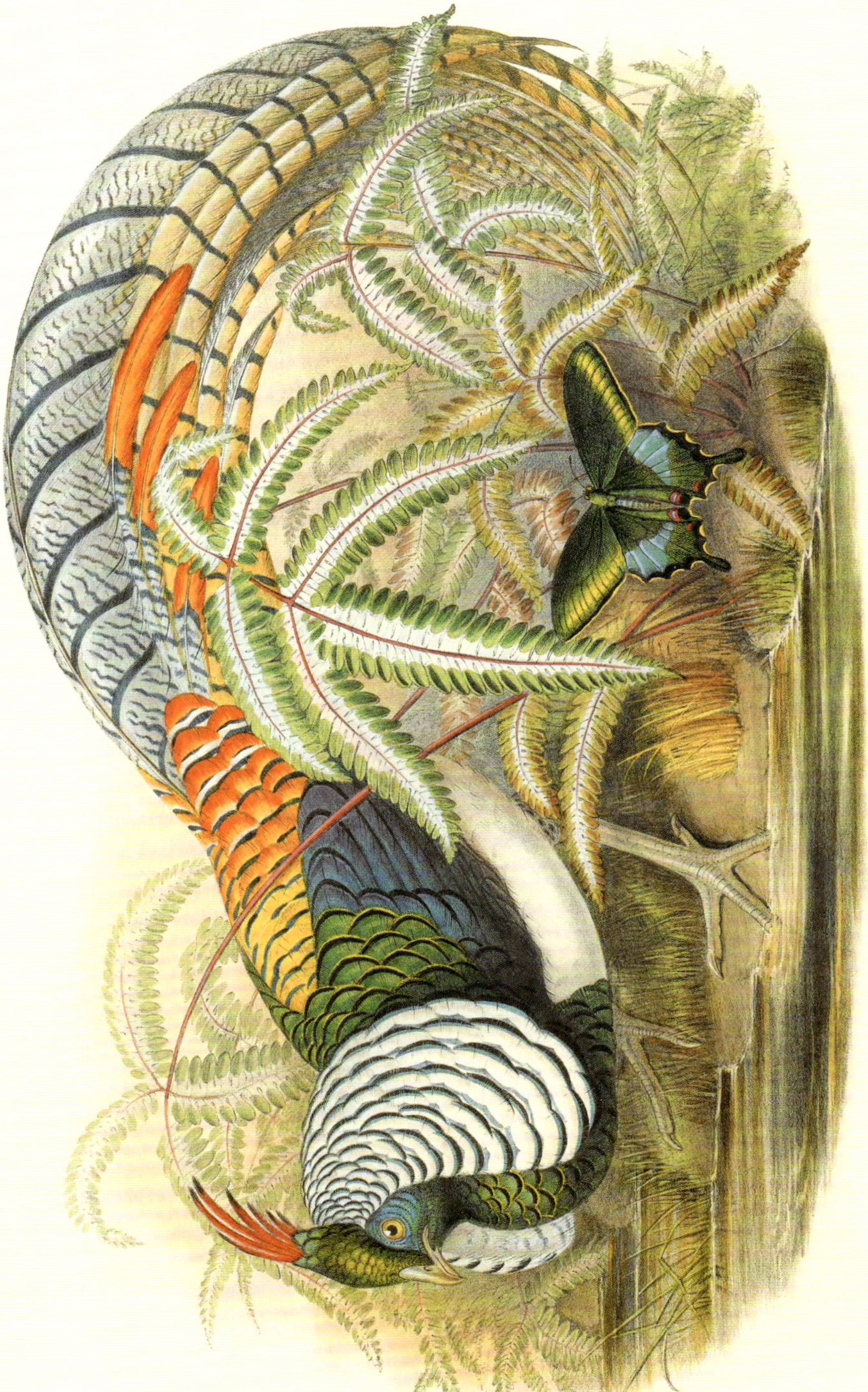

170. 戴氏火背鹇

Siamese Fireback（*Lophura diardi*）

戴氏火背鹇隶属于鸡形目雉科。雄鸟体长约80厘米，雌鸟体长约60厘米，属体型较大的雉类。雄鸟全身灰色，整个头部具红色肉冠和肉垂，头顶有一簇黑色羽毛向后伸出，颈、背和胸部灰色较淡，背部后方有一块黄色斑，再往后至尾部则为红色和灰色相间，腹部暗灰色，尾羽暗灰色并向下弯曲，脚红色；雌鸟多红棕色，脸颊红色，两翅及尾部有黑白相间的横纹。仅分布于缅甸、泰国、柬埔寨、老挝和越南。在原始或次生的低地常绿林中活动。杂食性，主要取食果实和浆果，也吃昆虫及其幼虫和小型陆生蟹类。营巢于树木基部的地面洞穴中，每窝产卵4–8枚。

171. 蓝马鸡

Blue Eared Pheasant（*Crossoptilon auritum*）

蓝马鸡隶属于鸡形目雉科。体长约96厘米，属体型较大的雉类。全身蓝灰色，头顶黑色，眼周红色，喉部、脸颊的白色羽向后延伸突出，尾羽蓬松并向下弯曲，尾两侧各有一块白斑，脚红色。中国中北部特有种，仅分布于青海东部、甘肃南部、宁夏、西藏东北部和四川北部。在针叶林、混交林或林线以上的高山草甸灌丛中活动。主要取食灌木的嫩芽、叶、茎、根及各种草，也吃甲虫等。营巢于有树木、灌丛或岩石覆盖的地面凹陷处，每窝产卵5–12枚。

172. 白颈长尾雉

Elliot’s Pheasant（*Syrmaticus ellioti*）

白颈长尾雉隶属于鸡形目雉科。雄鸟体长约80厘米，雌鸟体长约50厘米，属体型较大的雉类。雄鸟全身暗红色较多；头部灰白色；脸颊红色；喉部黑色；胸部及背部暗红色；背部后方灰色；腹部白色；两翅有一道暗绿色带和几道白色带；尾稍长，红色带和灰色带相间。雌鸟多棕色，头部灰色，眼周红色，腹部白色。中国东南部特有种，仅分布于江西、安徽南部、浙江西部、福建北部及湖南、贵州等地。在常绿阔叶林、针叶林、混交林及竹林低地活动。主要取食种子、浆果和各种植物，也吃蚂蚁等。营巢于地面浅坑，每窝产卵5–8枚。

173. 勺鸡（***macrolopha*亚种**）
Koklass Pheasant（*Pucrasia macrolopha macrolopha*）

勺鸡（*macrolopha*亚种）隶属于鸡形目雉科。雄鸟体长58–64厘米，雌鸟体长52.5–56厘米，属体型较大的雉类，尾较短。雄鸟头部蓝黑色，头顶后方有一簇冠羽伸出；颈部两侧各有一块白斑；有一道暗红色的带从颈部至胸部一直延伸至腹部，其余部分则为灰色或暗灰色并有黑色纵纹；两翅棕色较多；脚灰色。雌鸟全身棕色，布满暗色纵纹，稍具羽冠，眉纹白色，颈部两侧各有一块白斑。分布于喜马拉雅山脉至中国中部和东部地区。活动于陡峭地势上的针叶林和混交林中。食物主要为种子、嫩芽和浆果等，也吃昆虫及其幼虫。因其行动敏捷，很少能看见它们的取食活动。营巢于有植被覆盖的地面浅坑，每窝产卵5–7枚。

174. 勺鸡（***xanthospila*亚种**）
Koklass Pheasant（*Pucrasia macrolopha xanthospila*）

勺鸡（*xanthospila*亚种）隶属于鸡形目雉科。雄鸟体长58–64厘米，雌鸟体长52.5–56厘米，属体型较大的雉类，尾较短。该亚种雄鸟头部蓝黑色，头顶后方有一簇冠羽伸出；颈部两侧各有一块白斑，后颈部有一块黄色斑；有一道暗红色带从颈部至胸部一直延伸至腹部，其余部分则为灰色并有黑色纵纹；两翅棕色较多；脚灰色。雌鸟全身棕色，布满暗色纵纹，稍具羽冠，眉纹白色，颈部两侧各有一块白斑。该亚种分布于山西东北部，穿过河北西部和内蒙古东南部至东北西南部。活动于陡峭地势上的针叶林和混交林中。食物主要为种子、嫩芽和浆果等，也吃昆虫及其幼虫。因其行动敏捷，很少能看到它们的取食活动。营巢于有植被覆盖的地面浅坑，每窝产卵5–7枚。

175. 勺鸡（*darwini*亚种）

Koklass Pheasant（*Pucrasia macrolopha darwini*）

勺鸡（*darwini*亚种）隶属于鸡形目雉科。雄鸟体长58–64厘米，雌鸟体长52.5–56厘米，属体型较大的雉类，尾较短。该亚种雄鸟头部蓝黑色，头顶后方有一簇冠羽伸出；颈部两侧各有一块白斑；从颈部至胸部一直延伸至腹部的暗红色带较细或没有，其余部分则为灰色并有黑色纵纹；两翅棕色较多；脚灰色。雌鸟全身棕色，布满暗色纵纹，稍具羽冠，眉纹白色，颈部两侧各有一块白斑。分布于湖北、四川东南部至浙江、福建。活动于陡峭地势上的针叶林和混交林中。食物主要为种子、嫩芽和浆果等，也吃昆虫及其幼虫。因其行动敏捷，很少能看见它们的取食活动。营巢于有植被覆盖的地面浅坑，每窝产卵5–7枚。

176. 勺鸡（*castanea*亚种）

Koklass Pheasant（*Pucrasia macrolopha castanea*）

勺鸡（*castanea*亚种）隶属于鸡形目雉科。雄鸟体长58–64厘米，雌鸟体长52.5–56厘米，属体型较大的雉类，尾较短。该亚种雄鸟头部蓝黑色；头顶后方有一簇冠羽伸出；颈部两侧各有一块白斑；整个颈部和胸部均为暗红色，其余部分则为灰色并有黑色纵纹；两翅棕色较多；脚灰色。雌鸟全身棕色，布满暗色纵纹，稍具羽冠，眉纹白色，颈部两侧各有一块白斑。分布于阿富汗东部至邻近的巴基斯坦。活动于陡峭地势上的针叶林和混交林中。食物主要为种子、嫩芽和浆果等，也吃昆虫及其幼虫。因其行动敏捷，很少能看见它们的取食活动。营巢于有植被覆盖的地面浅坑，每窝产卵5–7枚。

177. 勺鸡（***nipalensis*亚种**）

Koklass Pheasant（*Pucrasia macrolopha nipalensis*）

勺鸡（*nipalensis*亚种）隶属于鸡形目雉科。雄鸟体长58–64厘米，雌鸟体长52.5–56厘米，属体型较大的雉类，尾较短。该亚种雄鸟头部蓝黑色；头顶暗黄色，后方有一簇冠羽伸出；颈部两侧各有一块白斑；有一道暗红色的带从颈部至胸部一直延伸至腹部，其余部分则为暗灰色并有淡色纵纹；脚灰色。雌鸟全身棕色，布满暗色纵纹，稍具羽冠，眉纹白色，颈部两侧各有一块白斑。分布于尼泊尔中西部。活动于陡峭地势上的针叶林和混交林中。食物主要为种子、嫩芽和浆果等，也吃昆虫及其幼虫。因其行动敏捷，很少能看见它们的取食活动。营巢于有植被覆盖的地面浅坑，每窝产卵5–7枚。

178. 里海雪鸡

Caspian Snowcock（*Tetraogallus caspius*）

里海雪鸡隶属于鸡形目雉科。体长55–61厘米，属中等体型的雪鸡。全身灰色，头顶向后至颈部暗灰色，两颊及喉部白色，两颊与喉部之间有一条暗灰色纹，胸部至颈后一圈为淡灰色，两翅及背部有白色和棕色纵纹，尾下白色，脚橙色。分布于里海和黑海之间的土耳其、伊朗等地。活动于海拔2400米至雪线间的高山山坡上。植食性。营巢于有岩石遮蔽的地面深圆形凹陷处，每窝产卵5–9枚。

179. 暗腹雪鸡

Himalayan Snowcock（*Tetraogallus himalayensis*）

暗腹雪鸡隶属于鸡形目雉科。体长54–72厘米，属体型较大的雪鸡。全身暗灰色，两颊及喉部白色，两颊与喉部和头顶之间分别有一条褐色纹，两翅及背部有棕色纵纹，尾下白色，脚橙黄色。分布范围从中亚沿喜马拉雅山脉和昆仑山脉至中国西北地区。国内分布于新疆西北部、昆仑山、阿尔金山、柴达木盆地、青海和甘肃。在林线至雪线间的高山开阔山坡上活动。主要取食植物块根、块茎、芽和叶等。营巢于靠近岩石块草丛间的地面凹陷处，每窝产卵5–10枚。

180. 阿尔泰雪鸡

Altai Snowcock（*Tetraogallus altaicus*）

阿尔泰雪鸡隶属于鸡形目雉科。体长57–58厘米，属体型较大的雪鸡。头部灰白色，头顶向后至颈部较暗，两翅、背的后半部至尾部全为暗灰色并具白色纵纹，臀部黑色，其余部分白色，胸部具斑点，脚黄色。分布于阿尔泰山脉至蒙古东北部地区。国内分布于新疆西北部的阿尔泰山雪原地带。活动于高山山坡、草甸和苔原地带。主要取食块茎、种子、嫩芽和浆果等，也吃昆虫。多营巢于乱石滩上，每窝产卵8–15枚。

181. 藏雪鸡

Tibetan Snowcock（*Tetraogallus tibetanus*）

藏雪鸡隶属于鸡形目雉科。体长50–56厘米，属中等体型雪鸡。雄鸟整体呈灰白色；头部灰色；眼圈红色，眼后有一块白斑；喉部白色；背部灰色偏棕，至尾部则全为棕色；两翅灰色，具白色条纹；腹部白色，腹部两侧有黑色条纹，胸部和腹部间有一道灰色横纹；脚红色。雌性与雄性相似，但全身灰色较多。分布于喜马拉雅山脉，从帕米尔高原至西藏中西部。国内仅分布于新疆西南部、西藏中西部和南部、青海、甘肃南部和西部、四川和云南部分地区。常在海拔3700米至雪线间的开阔山坡活动。植食性，主要取食植物块根、块茎、芽和叶等。营巢于有石块或灌丛遮蔽的地面下陷处，每窝产卵4–5枚。

182. 白冠长尾雉

Reeves's Pheasant（*Syrmaticus reevesii*）

白冠长尾雉隶属于鸡形目雉科。雄鸟体长约210厘米，雌鸟体长约150厘米，属体型较大的雉类。尾极长，雄鸟尾长占体长$\frac{2}{3}$以上，全身棕黄色、白色和黑色相间，头部白色，前额、眼周至后枕黑色，有黑色颈环，两翅上有较大白色斑点，尾上黑白相间；雌鸟全身棕色具黑色斑点，胸腹部为淡色斑，眼圈白色。中国中部和东部的特有种，仅分布于陕西、河南、安徽、湖北北部到甘肃南部、四川、云南、贵州和湖南。活动于常绿林、针叶林和有高草和灌木的生境。主要取食豆类、橡子、嫩芽、块茎和柿子等，也吃昆虫及其幼虫。营巢于林中有灌丛或高草的地上浅坑，每窝产卵6–9枚。

183. 雉鸡（*colchicus*亚种）

Common Pheasant（*Phasianus colchicus colchicus*）

雉鸡（*colchicus*亚种）隶属于鸡形目雉科。雄鸟体长75–89厘米，雌鸟体长53–62厘米，属体型较大的雉类。雄鸟全身色彩斑杂：头颈部暗绿色并有金属光泽，眼周具红色肉冠和肉垂，其余部分均为褐色并布满斑纹，尾上有暗色横纹，部分亚种颈部有一圈白色；雌性颜色较单一：全身棕色，布满暗斑，喉至胸腹部斑纹较少。分布于中亚至亚洲东部。国内分布于东北、华中至华南大部分地区，以及新疆、青海等地。喜多种生境，主要在河边、靠近农田的山区等自然环境中活动，不喜密林、高山和非常干旱的生境。食物主要为植物，包括植物果实、种子、叶和芽等；也有很小一部分动物，如昆虫及其他无脊椎动物。营巢于地上的浅坑，每窝产卵9–14枚。

184. 雉鸡（*shawii*亚种）

Common Pheasant（*Phasianus colchicus shawii*）

雉鸡（*shawii*亚种）隶属于鸡形目雉科。雄鸟体长75–89厘米，雌鸟体长53–62厘米，属体型较大的雉类。雄鸟全身色彩斑杂：头颈部暗绿色并有金属光泽，眼周具红色肉冠和肉垂，其余部分均为褐色并布满斑纹，尾上有暗色横纹；雌性颜色较单一：全身棕色，布满暗斑，喉至胸腹部斑纹较少。该亚种仅分布于塔里木盆地西部。喜多种生境，主要在河边、靠近农田的山区等自然环境中活动，不喜密林、高山和非常干旱的生境。食物主要为植物，包括植物果实、种子、叶和芽等；也有很小一部分动物，包括昆虫及其他无脊椎动物。营巢于地上的浅坑，每窝产卵9–14枚。

185. 雉鸡（*chrysomelas*亚种）

Common Pheasant（*Phasianus colchicus chrysomelas*）

雉鸡（*chrysomelas*亚种）隶属于鸡形目雉科。雄鸟体长75–89厘米，雌鸟体长53–62厘米，属体型较大的雉类。雄鸟全身色彩斑杂：头颈部暗绿色并有金属光泽，眼周具红色肉冠和肉垂，其余部分均为褐色并布满斑纹，尾上有暗色横纹，该亚种颈部有一圈白色；雌性颜色较单一：全身棕色，布满暗斑，喉至胸腹部斑纹较少。该亚种分布于乌兹别克斯坦西部的阿姆河三角洲及邻近的土耳其北部地区。喜多种生境，主要在河边、靠近农田的山区等自然环境中活动，不喜密林、高山和非常干旱的生境。食物主要为植物，包括植物果实、种子、叶和芽等；也有很小一部分动物，包括昆虫及其他无脊椎动物。营巢于地上的浅坑，每窝产卵9–14枚。

186. 雉鸡（*torquatus*亚种）

Common Pheasant（*Phasianus colchicus torquatus*）

雉鸡（*torquatus*亚种）隶属于鸡形目雉科。雄鸟体长75–89厘米，雌鸟体长53–62厘米，属体型较大的雉类。雄鸟全身色彩斑杂：头颈部暗绿色并有金属光泽，眼周具红色肉冠和肉垂，其余部分均为褐色并布满斑纹，尾上有暗色横纹，该亚种头顶色淡，颈部有一圈白色，翅上有一块灰色斑，背部和尾部间也有一大块灰色。雌性颜色较单一：全身棕色，布满暗斑，喉至胸腹部斑纹较少。该亚种分布于山东和河南南部至中越边境一带。喜多种生境，主要在河边、靠近农田的山区等自然环境中活动，不喜密林、高山和非常干旱的生境。食物主要为植物，包括植物果实、种子、叶和芽等；也有很小一部分动物，包括昆虫及其他无脊椎动物。营巢于地上的浅坑，每窝产卵9–14枚。

187. 雉鸡（***mongolicus*亚种**）

Common Pheasant（*Phasianus colchicus mongolicus*）

雉鸡（*mongolicus*亚种）隶属于鸡形目雉科。雄鸟体长75–89厘米，雌鸟体长53–62厘米，属体型较大的雉类。雄鸟全身色彩斑杂：头颈部暗绿色并有金属光泽，眼周具红色肉冠和肉垂，其余部分均为褐色并布满斑纹，尾上有暗色横纹，该亚种颈部有一圈白色，两翅有较多白色，胸腹部红棕色具黑色斑点。雌性颜色较单一：全身棕色，布满暗斑，喉至胸腹部斑纹较少。分布范围从吉尔吉斯斯坦北部沿天山穿过哈萨克斯坦东部至巴尔喀什湖，以及新疆东部至西北部。喜多种生境，主要在河边、靠近农田的山区等自然环境中活动，不喜密林、高山和非常干旱的生境。食物主要为植物，包括植物果实、种子、叶和芽等；也有很小一部分动物，包括昆虫及其他无脊椎动物。营巢于地上的浅坑，每窝产卵9–14枚。

188. 铜长尾雉（*soemmerringii*亚种）

Copper Pheasant（*Syrmaticus soemmerringii soemmerringii*）

铜长尾雉（*soemmerringii*亚种）隶属于鸡形目雉科。雄鸟体长87.5–136厘米，雌鸟体长51–54厘米，属体型较大的雉类，尾较长。雄鸟全身红棕色，布满淡色斑纹，尾上有暗色横纹，两颊有红色裸露皮肤；雌鸟全身棕色并具淡色斑纹，喉部和腹部白色。仅分布于日本。在针叶林和有茂密林下植被的混交林中活动。主要取食橡子和其他植物种子，也吃昆虫及其幼虫，幼鸟以动物性食物为主。营巢于有遮蔽的地上，如倒木下，每窝产卵6–13枚。

189. 铜长尾雉（*scintillans*亚种）

Copper Pheasant（*Syrmaticus soemmerringii scintillans*）

铜长尾雉（*scintillans*亚种）隶属于鸡形目雉科。雄鸟体长87.5–136厘米，雌鸟体长51–54厘米，属体型较大的雉类，尾较长。雄鸟全身红棕色，布满淡色斑纹，尾上有暗色横纹，两颊有红色裸露皮肤；雌鸟全身棕色并具淡色斑纹，喉部和腹部白色。该亚种雄鸟全身白色较多，仅分布于日本本州岛的北部和中部。在针叶林和有茂密林下植被的混交林中活动。主要取食橡子和其他植物的种子，也吃昆虫及其幼虫，幼鸟以动物性食物为主。营巢于有遮蔽的地上，如倒木下，每窝产卵6–13枚。

190. 绿雉

Green Pheasant（*Phasianus versicolor*）

绿雉隶属于鸡形目雉科。雄鸟体长约81.5厘米，雌鸟体长约58厘米，属体型较大的雉类。雄鸟全身绿色，两颊具红色肉冠和肉垂，两翅和尾部棕色，有暗色横斑；雌鸟全身棕色，布满暗色斑点。仅分布于日本。活动于园林、农地、灌丛地带、种植园和平原地带开阔的林地中。主要取食种子、浆果和坚果，也吃栽培的谷物等。营巢于靠近低矮灌丛或树木基部的地上，每窝产卵6–12枚。

191. 血雉（*geoffroyi*亚种）

Blood Pheasant（*Ithaginis cruentus geoffroyi*）

血雉（*geoffroyi*亚种）隶属于鸡形目雉科。雄鸟体长44–48厘米，尾羽16.5–18厘米；雌鸟体长39.5–42厘米，尾羽14–15.5厘米。该亚种雄鸟头部无红色，蜡膜及眼圈裸皮红色，上体、喉部及胸部为均一的灰色，腹部浅绿色，尾羽及尾下覆羽灰色泛红，爪红色；雌鸟颜色暗淡，通体褐色，前额、脸部和喉部肉红色。分布于中国西藏东南部。喜好山地杜鹃花灌丛、松柏林、竹林等生境。以植物茎、叶、芽和苔藓、浆果等为食，也会捕食昆虫。

192. 血雉（*cruentus*亚种）

Blood Pheasant（*Ithaginis cruentus cruentus*）

血雉（*cruentus*亚种）隶属于鸡形目雉科。雄鸟体长44–48厘米，尾羽16.5–18厘米；雌鸟体长39.5–42厘米，尾羽14–15.5厘米。该亚种雄鸟嘴基蜡膜、眼圈裸皮及喉部红色，头部、颈部、胸部灰白色，下体浅黄色泛红色，上体灰蓝色，尾羽及尾下覆羽灰色泛红色，爪红色；雌鸟颜色暗淡，通体褐色，前额、脸部和喉部肉红色。分布于尼泊尔北部以及邻近的中国西藏南部。喜好山地杜鹃花灌丛、松柏林、竹林等生境。以植物茎、叶、芽和苔藓、浆果等为食，也会捕食昆虫。

193. 雉鹑

Verreaux's Monal-partridge（*Tetraophasis obscurus*）

雉鹑隶属于鸡形目雉科。体长47–48厘米。喉部栗红色；眼圈及脸部裸皮红色；头部灰蓝色；上体棕色，胸部灰蓝色且密布黑点斑点；下体皮黄色；尾下覆羽红白相间，尾羽长且宽，端部白色。分布于中国青海、甘肃及四川等地。喜好针阔叶混交林、杜鹃花和松柏灌丛、高山草甸等生境。已有的少量数据显示它们以植物叶片、花、种子、根等为食。

194. 黑头角雉

Western Tragopan（*Tragopan melanocephalus*）

黑头角雉隶属于鸡形目雉科。雄鸟体长68.5–73厘米，尾羽22–25厘米；雌鸟体长约60厘米，尾羽19–20厘米。雄鸟通体蓝黑色且密布白色斑点，颈部、胸上部、脸部裸皮红色，颏蓝色，头顶黑色，尾羽深蓝黑色；雌鸟通体棕褐色，黑、白、棕花纹驳杂。分布于中国西藏西南部及其邻近地区。仅出现于山地湿润及干旱温带森林的过渡区、典型的下层浓密的橡树及针叶混交林。鲜有的数据显示它们以植物嫩叶、根、花等为食，也取食昆虫等。

- 427 -

195. 红腹角雉

Temminck's Tragopan（*Tragopan temminckii*）

红腹角雉隶属于鸡形目雉科。雄鸟体长约64厘米，尾羽18.5–23厘米；雌鸟体长约58厘米，尾羽16–17.5厘米。雄鸟通体红色，头部红、蓝、黑相间，脸部裸皮蓝色，上体密布具黑色边缘的白斑，下体密布白斑，尾羽黑色且基部具有红色细纹；雌鸟通体棕褐色，密布皮黄色及黑色斑点。分布于中国西南及其邻近地区。喜好常绿或混交密林、竹林、杜鹃花林等生境。多以花、叶、种子、草根、蕨类、竹笋、苔藓、浆果等为食。

196. 灰腹角雉

Blyth’s Tragopan（*Tragopan blythii*）

灰腹角雉隶属于鸡形目雉科。雄鸟体长65–70厘米，尾羽18–22厘米；雌鸟体长约58厘米，尾羽约17厘米。雄鸟胸部、颈部红色，脸部黄色，顶冠黑色，颈侧具有一黑色块斑，上体褐、红驳杂，密布白色珍珠状斑，腹部灰色，尾羽端部黑色；雌鸟通体棕褐色，且棕、黑、白花纹驳杂。分布于不丹、缅甸、印度及中国西藏等地。喜好底层具有浓密灌丛的密林山谷。以植物种子、浆果、嫩芽等为食。

197. 黄腹角雉

Cabot’s Tragopan（*Tragopan caboti*）

黄腹角雉隶属于鸡形目雉科。雄鸟体长约61厘米，尾羽约21厘米；雌鸟体长约50厘米，尾羽约16厘米。雄鸟通体色浅，脸部及喉部橘黄色，头顶、颈部及脸侧黑色，肉质的角蓝色，上体红、皮黄、黑、白斑点驳杂，下体皮黄色，尾羽蓝黑色；雌鸟通体棕褐色且棕、褐、白斑纹驳杂。分布于中国东南部。喜好常绿落叶林和针阔叶混交林。以植物叶、种子、栎树果实为食，也捕食昆虫。

198. 红胸角雉

Satyr Tragopan（*Tragopan satyra*）

红胸角雉隶属于鸡形目雉科。雄鸟体长67–72厘米，尾羽25–34.5厘米；雌鸟体长约57.5厘米，尾羽约19.5厘米。雄鸟头部黑色，脸部蓝色，颈部、背上部、下体红色且密布白色珍珠状斑，翅膀、背部、腰部及尾上覆羽棕色且密布白色点斑，尾羽蓝黑色；雌鸟通体棕褐色，黄、褐、黑斑纹驳杂。分布于喜马拉雅山区。喜好山地原始阔叶林。以植物根、茎、叶为食，也捕食昆虫、蜘蛛等无脊椎动物。

199. 灰孔雀雉（***bakeri***亚种）

Grey Peacock-pheasant（*Polyplectron bicalcaratum bakeri*）

灰孔雀雉（*bakeri*亚种）隶属于鸡形目雉科。雄鸟体长56–76厘米，尾羽35–40厘米；雌鸟体长48–55厘米，尾羽23–25.5厘米。雄鸟通体暗灰色且密布浅色鳞纹，具有完整的羽冠，脸部裸皮黄色至暗红色，脸颊及颏白色，背部和翅膀上的蓝绿色眼斑外具有一圈白色环纹，尾羽上的眼斑绿色；雌鸟羽冠较短，体表眼斑较小，眼斑色泽偏紫色且较黯淡。该亚种分布于印度东北部、不丹等地。喜好低山地常绿、半常绿密林。以浆果、植物果实、种子等为食，也捕食蚂蚁、蜗牛等无脊椎动物。

200. 灰孔雀雉（*bicalcaratum*亚种）

Grey Peacock-Pheasant（*Polyplectron bicalcaratum bicalcaratum*）

灰孔雀雉（*bicalcaratum*亚种）隶属于鸡形目雉科。雄鸟体长56–76厘米，尾羽35–40厘米；雌鸟体长48–55厘米，尾羽23–25.5厘米。雄鸟通体暗灰色且密布浅色鳞纹，具有完整的羽冠，脸部裸皮黄色至暗红色，脸颊及颏白色，背部和翅膀上的蓝绿色眼斑外具有一圈白色环纹，尾羽上的眼斑绿色；雌鸟羽冠较短，体表眼斑较小，眼斑色泽偏紫色且较黯淡。该亚种分布于孟加拉国、缅甸、中国西南部、越南、泰国等地。喜好低山地常绿、半常绿密林。以浆果、植物果实、种子等为食，也捕食蚂蚁、蜗牛等无脊椎动物。

201. 大眼斑雉

Great Argus（*Argusianus argus*）

大眼斑雉隶属于鸡形目雉科。雄鸟体长160–200厘米，尾羽105–143厘米；雌鸟体长73–76厘米，尾羽30–36厘米。雄鸟通体褐色，蓝色裸露的头部和颈部相对身体较小，胸上部红色，次级飞羽长且宽，飞羽上具有浅色眼状大斑，中央两片尾羽较长；雌鸟通体红褐色，尾羽较短，眼状斑也较小。分布于马来半岛、苏门答腊岛及婆罗洲等地。喜好低山地高大的龙脑香科原始林以及低地的泥炭沼泽林。以各种植物及无脊椎动物为食。

- 441 -

202. 棕尾虹雉

Himalayan Monal（*Lophophorus impejanus*）

棕尾虹雉隶属于鸡形目雉科。雄鸟体长70–72厘米，雌鸟体长63–64厘米。雄鸟具有奇特的多根丝状羽冠，头部绿色，颈侧及颈后棕红色，背上部黄绿色，翼上覆羽及尾上覆羽蓝紫色，腰部白色，尾羽棕红色，下体黑色；雌鸟具有十分细小的羽冠，通体棕褐色，花纹驳杂，眼圈裸皮蓝色，颏及喉部白色。分布于喜马拉雅山区。喜好山谷开阔地带林下为杜鹃及竹林的针叶林或混交林。以植物种子、嫩芽、茎干、浆果等为食，也取食昆虫及其幼虫。

203. 绿尾虹雉

Chinese Monal（*Lophophorus lhuysii*）

绿尾虹雉隶属于鸡形目雉科。雄鸟体长75-80厘米，雌鸟体长72-75厘米，是一种体型较大的雉。雄鸟具有向后下垂的羽冠，根部绿色，端部红色；头部绿色；眼圈裸皮蓝色；颈部棕红色；下体蓝黑色；背上部黄色，背部蓝紫色；腰部白色；翅膀及尾羽蓝绿色。雌鸟通体棕褐色且花纹驳杂，脸部裸皮、颏及喉部白色，腰部白色。仅分布于中国西南部的西藏、四川、云南、青海、甘肃等地。喜好高山及亚高山草甸。以植物根、鳞茎、叶、花、苔藓等为食，也取食昆虫等。

204. 白尾梢虹雉

Sclater's Monal（*Lophophorus sclateri*）

白尾梢虹雉隶属于鸡形目雉科。体长63–68厘米。雄鸟的羽冠短且卷曲，头部绿色，脸部裸皮蓝色，颈部棕红色，下体黑色，背上部蓝紫色，翅膀及背部金属绿色，翅上具有棕红色块斑，腰部白色，尾羽棕红色且端部白色；雌鸟通体棕褐色且花纹驳杂，脸部裸皮蓝色，颏及喉部白色。分布于云南、西藏、印度、缅甸等地。喜好底层为竹林的山地针叶林，以及亚高山杜鹃灌丛。以植物种子、茎干、根、叶等为食。

205. 灰原鸡

Grey Junglefowl（*Gallus sonneratii*）

灰原鸡隶属于鸡形目雉科。雄鸟体长70–80厘米，雌鸟体长约38厘米。雄鸟通体偏灰色，肉质的冠及肉垂相对其他鸡类较小，颈部具有与众不同的白、黑、黄驳杂的斑点，翅上覆羽、背部及腹部点缀有橙色、红色及蓝紫色，尾羽长且为蓝黑色；雌鸟通体棕褐色，下体密布浅色斑纹，尾羽黑色。分布于印度。喜好常绿、混交及落叶林的低矮树丛，包括竹林等生境。以植物种子、茎干、浆果等为食，也捕食昆虫甚至小型蜥蜴等。

雀形目

PASSERIFORMES

206. 线尾燕

Wire-tailed Swallow（*Hirundo smithii*）

线尾燕隶属于雀形目燕科。体长14–21厘米，具有十分显著的鉴定特征。前额及顶冠棕红色，上体辉蓝色，翅膀和尾部黑色泛蓝色光泽，尾羽内侧具有白斑，最外的两根尾羽特化延长为细丝状；下体乳白色，胸部和胁部两侧具有蓝色斑块。雌鸟似雄鸟，但尾羽短。分布于非洲、南亚、中国云南及东南亚。喜近水源的草地、稀树草原、开阔林地及农田等环境。常结对或成群觅食，以蚊蝇、甲虫、蝽、蝶蛾等多种昆虫为食。

207. 金腰燕（*rufula* 亚种）

Red-rumped Swallow（*Cecropis daurica rufula*）

金腰燕（*rufula*亚种）隶属于雀形目燕科。体长16–17厘米。顶冠和背部深辉蓝色，具有完整的颈环，后颈部为栗色；腰为栗红色，密布黑色纵纹；翅膀及尾部黑色泛辉光，最外侧的两根尾羽特化延长；下体浅棕红色，且具有细小、色浅的纵纹。繁殖于欧洲、中亚及中国新疆等地，越冬于非洲和东南亚。喜好开阔的山村、河谷、山谷、海滨崖壁、农田及人类聚集区。以蚊蝇、甲虫、蝽、白蚁等飞行昆虫为食。

208. 金腰燕（***daurica*** 亚种）

Red-rumped Swallow（*Cecropis daurica daurica*）

金腰燕（*daurica*亚种）隶属于雀形目燕科。体长16–17厘米。顶冠和背部深辉蓝色；颈后两侧为栗色，颈后部为蓝色；腰为栗红色，密布黑色纵纹；翅膀及尾部黑色泛辉光，最外侧的两根尾羽特化延长；下体浅色且多具纵纹。繁殖于哈萨克斯坦、俄罗斯和中国大部，越冬于南亚及东南亚。喜好开阔的山村、河谷、山谷、海滨崖壁、农田及人类聚集区。以蚊蝇、甲虫、蝽、白蚁等飞行昆虫为食。

209. 金腰燕（*rythropygia* 亚种）

Red-rumped Swallow（*Cecropis daurica rythropygia*）

金腰燕（*rythropygia*亚种）隶属于雀形目燕科。体长16–17厘米。顶冠和背部深辉蓝色，颈环通常不是完整的，后颈部为栗色；腰为深栗色，密布黑色纵纹；翅膀及尾部黑色泛辉光，最外侧的两根尾羽特化延长；下体白色偏黄，具有细窄的纵纹。繁殖于印度，越冬于印度南部及斯里兰卡。喜好开阔的山村、河谷、山谷、海滨崖壁、农田及人类聚集区。以飞行的昆虫为食，如蚊蝇、甲虫、蝽、白蚁等。

210. 斯里兰卡燕

Sri Lanka Swallow（*Cecropis hyperythra*）

斯里兰卡燕隶属于雀形目燕科，有的分类系统将其视作金腰燕的一个亚种（*Cecropis daurica hyperythra*）。体长16–17厘米。顶冠和背部为深辉蓝色，不具有明显的颈环，后颈部为深蓝色；腰为深棕红色，不具黑色纵纹；翅膀及尾部黑色泛辉光，最外侧的两根尾羽特化延长；下体深棕色，不具纵纹。分布于斯里兰卡。喜好开阔的山村、河谷、山谷、海滨崖壁、农田及人类聚集区。以飞行的昆虫为食，如蚊蝇、甲虫、蝽、白蚁等。

211. 黑喉毛脚燕

Nepal House Martin（*Delichon nipalense*）

黑喉毛脚燕隶属于雀形目燕科。体长约12厘米。雄鸟顶冠和背部辉蓝色，腰白色，翅膀和尾羽棕黑色，颏及喉上部黑色，喉下部具有黑白驳杂的斑点，下体大部白色，尾下覆羽黑色，尾端平整，腿部覆盖有白色羽毛；雌鸟的下体较雄鸟偏灰色。分布于尼泊尔、中国西南边陲、缅甸、泰国、老挝、越南等地。喜山谷、山脊以及具有崖壁的开阔地带，也会出现在村庄附近。常沿着崖壁或在树顶捕食蚊蝇等昆虫。

212. 山燕

Hill Swallow（*Hirundo domicola*）

山燕隶属于雀形目燕科，有的分类系统也将其视作洋斑燕的一个亚种（*Hirundo tahitica domicola*）。体长约12厘米。上体为辉光绿色，前额和喉部栗红色，下体大部分灰色，尾下覆羽具有黑白交替的鳞状纹，翅膀和尾羽棕黑色，尾部具有白色斑点且略有尾叉。分布于印度南部和斯里兰卡。喜海滨、开阔村庄、多林的山地以及近水的人类环境等。常在草地、农田、林间河流或公路上捕食飞蚊、蜂、蚊蝇、甲虫等昆虫。

213. 黄额燕

Streak-throated Swallow（*Petrochelidon fluvicola*）

黄额燕隶属于雀形目燕科。体长11–12厘米。前额、顶冠和枕部均为暗栗色，且具有细小的黑色纵纹；背部为深辉蓝色，具有少量白色窄纵纹；腰部浅棕色；翅膀和尾羽棕黑色，尾部几乎无叉；下体白色近皮黄；颏、喉部、颈侧和胸部密布棕黑色纵纹。分布于阿富汗、巴基斯坦、印度等地。喜开阔的乡村、山脚、农田和人类环境，通常这些生境都靠近湖泊或河流等水源。常集群捕食蚊蝇等昆虫。

214. 带斑阔嘴鸟

Banded Broadbill（*Eurylaimus javanicus*）

带斑阔嘴鸟隶属于雀形目阔嘴鸟科。体长21.5–23厘米，是一种体型较大的阔嘴鸟。羽色紫、黄、黑相间。头部紫红色，眼先黑色；上背部暗棕色，背下部颜色更深且具有黄色条纹；腰和尾上覆羽黑黄相间，尾羽、翼上覆羽黑色，飞羽暗棕色且具有黄色斑点或斑块，下体浅紫红色，尾下覆羽黄色；虹膜蓝色，嘴蓝色。分布于中南半岛、马来半岛、苏门答腊岛和婆罗洲等地。喜好多种林地生境，特别是近水的常绿及落叶混交林、沼泽林等。主要以昆虫为食，也捕食蜘蛛和蜗牛等。

215. 黑黄阔嘴鸟

Black-and-yellow Broadbill（*Eurylaimus ochromalus*）

黑黄阔嘴鸟隶属于雀形目阔嘴鸟科。体长13.5–15厘米，是一种体型较小的阔嘴鸟。羽色黑、白、粉、黄四色相间。头部、上体、尾羽及翅膀黑色；颈环宽且为白色；背部及翅膀上具有醒目的黄色条纹；胸带黑色；胸腹部粉色，并向下至尾下覆羽逐渐变为浅黄色；虹膜黄色；嘴蓝色。分布于马来半岛、苏门答腊岛和婆罗洲等地。喜好多种多样的林地生境，如常绿林、沼泽林、林缘、椰树或橡胶种植林等。主要以昆虫为食，如蝗虫、蟋蟀、螳螂、甲虫等。

216. 黑红阔嘴鸟（*macrorhynchos* 亚种）

Black-and-red Broadbill（*Cymbirhynchus macrorhynchos macrorhynchos*）

黑红阔嘴鸟（*macrorhynchos*亚种）隶属于雀形目阔嘴鸟科。体长20–24厘米。羽色黑红相间。头顶、上体及胸带黑色；喉部、脸颊及下体深红色；翅膀黑色且具有白色条纹；尾羽黑色，有时具有白色小斑点；上嘴蓝色，下嘴黄色。分布于苏门答腊岛、婆罗洲等地。喜好低地近河流和溪流的森林，包括常绿及半常绿林、混交林、沼泽林、红树林、种植园林等。以昆虫等小型无脊椎动物为食，也会取食小的植物果实。

- 473 -

217. 黑红阔嘴鸟（*affinis* 亚种）
Black-and-red Broadbill（*Cymbirhynchus macrorhynchos affinis*）

黑红阔嘴鸟（*affinis*亚种）隶属于雀形目阔嘴鸟科。体长20–24厘米。羽色黑红相间。该亚种是黑红阔嘴鸟中体型最小的。头顶、上体及胸带黑色；喉部、脸颊及下体深红色；翅膀黑色且具有白色条纹；尾羽黑色，有时具有白色小斑点；次级飞羽上具有红色斑点，翅上白斑醒目，尾羽上的白色部分更多；上嘴蓝色，下嘴黄色。分布于缅甸西南部。喜好低地近河流和溪流的森林，包括常绿及半常绿林、混交林、沼泽林、红树林、种植园林等。以小型无脊椎动物为食，大多数为昆虫，也会取食小的植物果实。

218. 乌暗阔嘴鸟

Dusky Broadbill（*Corydon sumatranus*）

乌暗阔嘴鸟隶属于雀形目阔嘴鸟科。体长24–28.5厘米。体大、壮实，颜色偏黑。头部、枕部、躯干黑棕色，尾羽黑色且具有白色尖端，喉部及胸部白色或皮黄色，翅膀黑色，翅上具有一道白斑，虹膜暗棕红色，眼圈及眼先裸皮粉色，嘴粉色。分布于中南半岛、马来半岛、苏门答腊岛和婆罗洲等地。喜好原始林、常绿及落叶林、苔藓森林等生境。以大型昆虫为食，也捕食小型蜥蜴等。

219. 银胸丝冠鸟（*lunatus* 亚种）

Silver-breasted Broadbill（*Serilophus lunatus lunatus*）

银胸丝冠鸟（*lunatus*亚种）隶属于雀形目阔嘴鸟科。体长16–17厘米。雄鸟头部浅锈红色，眼先颜色稍深，前额灰色，眉纹黑色且较粗，上体锈红色，背上部偏灰色，腰部及尾上覆羽棕红色，尾羽黑色，尾尖白色，翼上覆羽黑色，飞羽为显眼的蓝色和黑色且基部具有白色斑纹，下体浅灰色，腹部及尾下覆羽白色，嘴蓝色；雌鸟似雄鸟，但胸上部具有一道银色细环纹。分布于印度、不丹、孟加拉国和缅甸。喜好热带及亚热带常绿、半常绿林和混交落叶林等。主要以昆虫为食，如蝗虫、螳螂、蝶蛾等，也捕食蜗牛。

220. 银胸丝冠鸟（***rubropygius*** 亚种）

Silver-breasted Broadbill（*Serilophus lunatus rubropygius*）

银胸丝冠鸟（*rubropygius*亚种）隶属于雀形目阔嘴鸟科。体长16–17厘米。整个头部及上背部灰色，眼先及眉纹深灰色，上体其余部位暗棕灰色，腰部及尾上覆羽棕红色，尾羽黑色，尾尖白色，翼上覆羽黑色，翅上具有显眼的蓝色及白色斑点，下体灰色，嘴蓝色。分布于印度、不丹、孟加拉国和缅甸。喜好热带及亚热带常绿、半常绿林和混交落叶林等。主要以昆虫为食，如蝗虫、螳螂、蝶蛾等，也捕食蜗牛。

-481-

221. 长尾阔嘴鸟

Long-tailed Broadbill（*Psarisomus dalhousiae*）

长尾阔嘴鸟隶属于雀形目阔嘴鸟科。体长23–26厘米。体型狭长，颜色翠绿。头顶黑色且具有蓝色顶冠，枕部两侧具有黄色斑点，脸部、喉部及颈环亮黄色，上体绿色，飞羽为黑色及蓝色，细长的尾羽蓝色，尾羽腹侧黑色，下体浅绿色。分布于中国西南、中南半岛、马来半岛、苏门答腊岛及婆罗洲等地。喜好多种多样的林地生境，如原始及次生的热带常绿、半常绿林和亚热带阔叶林等。主要以昆虫为食，如蝗虫、蝉、蝶蛾、甲虫等。

222. 肉垂阔嘴鸟

Mindanao Wattled Broadbill（*Sarcophanops steerii*）

肉垂阔嘴鸟隶属于雀形目阔嘴鸟科。体长16.5–17.5厘米，是一种体型较小阔嘴鸟。雌雄两性羽色不同，但均具有十分显著的蓝色眼部肉垂。雄鸟前额、顶冠紫红色，脸部、喉部黑色，颈环白色，背部深灰色，下背部至尾羽棕红色，翅膀黑色且具有醒目的白色及黄色斑纹，下体淡紫色，腹中央至尾下覆羽黄色；雌鸟似雄鸟，但下体为纯白色。分布于菲律宾群岛南部。喜好原始雨林、山地次生林或近河滨森林的次生林。以昆虫为食。

223. 绿宽嘴鸫

Green Cochoa（*Cochoa viridis*）

绿宽嘴鸫隶属于雀形目鸫科。体长约28厘米。通体黑色及闪辉绿色。头顶与尾羽蓝色，脸侧黑色，两肩至尾上覆羽暗绿色，两翅具灰蓝、黑、褐等色相镶的翼斑，尾羽具黑色端斑，下体淡绿色。分布于中国南疆诸邻国以及中国大陆的云南、福建等地。主要生活于常绿阔叶林内，也出没于小溪边、常绿密林及险峻的地方，常单独或成对活动。以昆虫和昆虫幼虫为食，也吃蚯蚓等动物和植物果实、种子等。

224. 紫宽嘴鸫

Purple Cochoa（*Cochoa purpurea*）

紫宽嘴鸫隶属于雀形目鸫科。体长约28厘米。雄鸟通体淡紫色；头顶和尾羽紫蓝色沾灰；脸侧和颈部黑色；飞羽淡紫色，羽缘及端部黑色；尾羽具黑色端斑；下体均为淡紫色。雌鸟体羽颜色与雄鸟不同，雄鸟体羽的淡紫色部分在雌鸟身上被淡红褐色替代，下体淡土褐色。分布于印度次大陆，中南半岛，中国的东南沿海地区和云贵川等地。栖于常绿阔叶林内。以食昆虫为主，也吃果实。通常营巢于海拔1500–2500米的山地森林，巢呈浅杯状。

225. 斑鸫

Dusky Fuscatus（*Turdus eunomus*）

斑鸫隶属于雀形目鸫科。体长约25厘米。具明显黑白色图纹，浅棕色的翼线以及棕色的宽阔翼斑。雄鸟耳羽及胸上横纹黑色，与白色的喉、眉纹及臀成对比，下腹部黑色且具白色鳞状斑纹；雌鸟身上的褐色及皮黄色较暗淡，斑纹同雄鸟，但喉和上胸黑斑较多。虹膜褐色；上嘴偏黑，下嘴黄色；脚褐色。繁殖于东北亚，迁徙至喜马拉雅山脉至中国境内。栖于开阔的多草地带及田野。迁徙时常见，冬季成大群。

226. 赤颈鸫

Red-throated Thrush（*Turdus ruficollis*）

赤颈鸫隶属于雀形目鸫科。体长约25厘米，属中等体型。上体灰褐色，腹部及臀纯白色，翼衬赤褐色。脸、喉及上胸棕色，冬季多白斑，尾羽色浅，羽缘棕色。雌鸟及幼鸟具浅色眉纹，下体多纵纹。虹膜褐色；嘴黄色，尖端黑色；脚近褐色。繁殖于亚洲中北部，南迁至巴基斯坦、喜马拉雅山脉、中国北部及西部和东南亚越冬。常见于海拔1000–3000米的常绿林。成松散群体，有时与其他鸫类混合。在地面时作并足长跳。栖息于山坡草地、丘陵疏林或平原灌丛中。取食昆虫、小动物及草籽和浆果。

227. 灰头鸫（*gouldii* 亚种）

Chestnut Thrush（*Turdus rubrocanus gouldii*）

灰头鸫（*gouldii*亚种）隶属于雀形目鸫科。体长约25厘米。头及颈深灰色、两翼及尾黑色，身体多栗色。尾下覆羽黑色且羽端白色，眼圈黄色。颊部、胸腹部具黑色点斑。虹膜褐色，嘴黄色，脚黄色。分布于青藏高原至中国中部。栖于海拔2100–3700米的亚高山落叶及针叶林，冬季迁往海拔较低处越冬。一般单独或成对活动，但冬季结小群。常于地面取食。性惧生。

230. 白颈鸫

White-collared Blackbird（*Turdus albocinctus*）

白颈鸫隶属于雀形目鸫科。体长约27厘米。颈环及上胸全白，颏、喉白而沾暗褐色，其余羽毛呈黑褐色，下体颜色较淡。雌鸟似雄鸟但色较暗淡，褐色较浓。额、头顶及后头暗褐色，颈部及上背灰白沾褐。背、腰及尾下覆羽暗棕褐色，翼和尾暗褐色。虹膜褐色，嘴黄色，脚黄色。分布于喜马拉雅山脉至中国西部，在西藏南部及东部和四川西部的高山边缘针叶林及杜鹃林常见。随季节作垂直迁移，夏季栖于林线及海拔2700–4000米的高山草甸，冬季在海拔1500–3000米间。食物为甲虫等昆虫及植物种子。通常单独或成对活动。性羞怯。

232. 栗腹矶鸫

Chestnut-bellied Rock Thrush（*Monticola rufiventris*）

栗腹矶鸫隶属于雀形目鸫科。体型较大，体长约24厘米。繁殖期的雄鸟体色艳丽，面部具黑色脸罩，上体具亮丽蓝色光泽，尾、喉及下体余部呈鲜艳栗色；雌鸟褐色，上体具近黑色的扇贝形斑纹，下体满布深褐及皮黄色扇贝形斑纹，与其他雌性矶鸫的区别在于深色耳羽后具偏白的皮黄色月牙形斑，皮黄色的眼圈较宽。幼鸟具赭黄色点斑及褐色的扇贝形斑纹。虹膜深褐，嘴黑色，脚黑褐。分布于巴基斯坦西部至中国南部及中南半岛北部，甚常见于西藏南部及东南部、四川、湖北西部、福建、云南、贵州、广西和广东等地的中海拔地带。繁殖于海拔1000–3000米的森林，越冬在低海拔开阔而多岩的山坡林地。直立而栖，尾缓慢地上下弹动；有时面对树枝，尾上举。常于树顶发出悦耳的颤鸣声及其变音。

233. 斯里兰卡啸鸫

Sri Lanka Whistling Thrush（*Myophonus blighi*）

斯里兰卡啸鸫隶属于雀形目鸫科。体长约20厘米。雄鸟黑色具有蓝色光泽，肩纹钴蓝色；雌鸟上体棕色，肩纹暗紫色，腰羽及尾上覆羽棕色。分布于斯里兰卡中南部的山地。在地面和浓密的林下层活动，尤其喜爱林地和蕨类葱郁的峡谷。在地面、水边取食。主要以无脊椎动物为食，同时也取食蜗牛、小型两爬类。性格怯生隐秘。鸣声为一长串连续的婉转颤音，叫声如哨音。

234. 台湾紫啸鸫

Taiwan Whistling Thrush（*Myophonus insularis*）

台湾紫啸鸫隶属于雀形目鸫科。体长约28厘米。雌雄同型。通体黑蓝色。喉、胸黑色，胸具蓝色闪辉羽片，额蓝黑色，上喙基部至眼先有黑色细毛，头顶和体背黑色。肩羽有紫蓝色金属光泽；尾羽紫黑色，外缘深紫蓝色；初级飞羽黑色，羽缘蓝色。各羽羽缘为闪光蓝色，呈鳞片状。腹和尾下覆羽黑色。虹膜红褐色，喙黑色，足黑色。分布范围仅限于中国台湾地区山地。栖息于内陆山区海拔150–2100米幽暗的森林溪流、峡谷及岩壁等处。肉食性，常在溪边觅食，以昆虫为主，还有石龙子、蛙类、小鱼和蚯蚓等。常发出尖锐、频率高如长啸的金属哨音。在繁殖季节，清晨的雄、雌鸟会发出柔和、缓慢且多音节的求偶叫声，还会相互追逐，有很强的保护领地行为。

235. 白腹短翅鸲

White-bellied Blue Robin（*Myiomela albiventris*）

白腹短翅鸲隶属于雀形目鸫科。体长约14厘米。雄鸟上体至胸、两胁灰蓝色，腹部至臀白色，眼先黑色，有白色的眉纹；雌鸟的灰蓝色较淡。虹膜灰色，喙黑色，足黑色。分布于印度泰米尔那德邦西部和喀拉拉邦南部的狭小区域。活动于海拔1000–2000米的溪流边和茂密森林的林下潮湿环境中。鸣声明亮，包含有多次重复的哨声及婉转起伏的鸣唱段落。

236. 栗背短翅鸫

Gould's Shortwing（*Heteroxenicus stellatus*）

栗背短翅鸫隶属于雀形目鸫科。体长约13厘米。上体栗色，下体具灰色及黑色的蠕虫状斑纹，下胸及腹部有三角形的白色点斑。两胁及臀沾赤褐色，灰色的眉纹狭窄。虹膜深褐色，嘴黑色，脚粉褐色。分布范围从尼泊尔至中国西南、北部湾北部及缅甸北部。在我国分布于西藏东南部昌都和云南东南部。见于海拔2750–4200米的杜鹃林、竹林、桧林及亚高山森林。栖息于林下灌丛，在竹林密丛中穿行，常见于近溪流处。鸣声为一连串快速而多起伏的高音；告警叫声为尖厉的短节拍声。

237. 灰喉山椒鸟（*solaris* 亚种）

Grey-chinned Minivet（*Pericrocotus solaris solaris*）

灰喉山椒鸟（*solaris*亚种）隶属雀形目山椒鸟科。体长17–19厘米。雄鸟头部和背亮黑色；腰、尾上覆羽和下体朱红色；翅黑色，具一大一小的两道朱红色翼斑；中央尾羽黑色，外侧尾羽基部黑色，端部红色。雌鸟额、头顶前部、颊、耳羽和整个下体均为黄色；腰和尾上覆羽亦为黄色；翅和尾的颜色与雄鸟大致相似，但其上的红色被黄色取代。分布于东南亚地区，该物种的模式产地在印度大吉岭。常成小群活动，有时亦与赤红山椒鸟混杂在一起。性活泼，飞行姿势优美。以昆虫为食，偶尔食少量植物果实与种子。

238. 灰喉山椒鸟（***griseigularis*** 亚种）

Grey-chinned Minivet（*Pericrocotus solaris griseigularis*）

灰喉山椒鸟（*griseigularis*亚种）隶属雀形目山椒鸟科。体长18–22厘米。该亚种外形特征与*solaris*亚种类似但喙更长，且颜色更浅。雄鸟头部和背部亮黑蓝色；腰、尾上覆羽和下体鲜红或赤红色，尾黑色，尾下覆羽橙红色；喉灰色；翅黑色，具一大一小两道朱红色翼斑。该亚种分布于中国大陆的贵州、广西、湖南、江西、广东、海南、福建等地。该物种的模式产地在中国台湾地区。栖息于海拔1200–2000米的山区森林，常成小群活动，冬季形成较大群。主要以昆虫为食。通常在5–6月到高山森林中繁殖，巢呈浅杯状。

239. 小灰山椒鸟

Swinhoe's Minivet（*Pericrocotus cantonensis*）

小灰山椒鸟隶属雀形目山椒鸟科。体长约18厘米。雄鸟额和头顶前部白色，鼻羽、嘴基处额羽、眼先、头顶后部、枕、耳羽亮黑色，后颈、背、腰至尾上覆羽等整个上体石板灰色，颈背灰色较浓，通常具醒目的白色翼斑。雌鸟似雄鸟，但褐色较浓，有时无白色翼斑。分布于华中、华东及东南地区，迁徙时经过华南及东南。冬季形成较大群。栖于海拔高至1500米的落叶林及常绿林。主要以叩头虫、甲虫、瓢虫、毛虫、蜻象等昆虫和昆虫幼虫为食。通常营巢于落叶阔叶林和红松阔叶混交林中，巢多置于高大树木的侧枝上，呈碗状。

240. 白腹山椒鸟

White-bellied Minivet（*Pericrocotus erythropygius*）

白腹山椒鸟隶属雀形目山椒鸟科。体长15–16厘米。羽色十分特别。雄鸟上体黑色；上胸红色；腰橙红色；腹部白色，具白色翼斑。雌鸟上体灰色，其余特征与雄鸟相似。分布于中南半岛、印度次大陆、中国的东南沿海地区及西南地区。栖息于稀树草原及干旱的灌木丛间。通常成对或小群觅食，主要以蝗虫和蜘蛛为食。6月至10月在印度和缅甸繁殖，巢较小，呈杯状。

241. 赤红山椒鸟（***flammeus*** 亚种）

Scarlet Minivet（*Pericrocotus flammeus flammeus*）

赤红山椒鸟（*flammeus*亚种）隶属雀形目山椒鸟科。体长约19厘米，体型略大。雄鸟通体蓝黑色，胸、腹部、腰、尾羽羽缘红色，翼上有两道红色斑纹；雌鸟背部多灰色，雄鸟身上的红色部分被黄色替代，且黄色延至喉、颏、耳羽及额头。分布于印度西南部及斯里兰卡。主要栖息于海拔2000米以下的低山丘陵和山脚平原地区。性活泼，常成群分散活动在树冠层，很少停息，有时亦见与灰喉山椒鸟、粉红山椒鸟混群活动。食昆虫和少数植物的种子。通常营巢于茂密森林中的乔木上，巢呈浅杯状。

242. 赤红山椒鸟（*speciosus* 亚种）

Scarlet Minivet（*Pericrocotus flammeus speciosus*）

赤红山椒鸟（*speciosus*亚种）隶属雀形目山椒鸟科。体长约19厘米，体型略大。雄鸟通体蓝黑色，胸、腹部、腰、尾羽羽缘红色，翼上有两道红色斑纹；雌鸟背部多灰色，雄鸟身上的红色部分被黄色替代，且黄色延至喉、颏、耳羽及额头。该亚种较指名亚种颜色更为鲜艳。分布于喜马拉雅从查漠和克什米尔到中国东南部，包括印度阿萨姆邦地区。主要栖息于海拔2000米以下的低山丘陵和山脚平原地区。性活泼，常成群分散活动在树冠层，很少停息，有时亦见与灰喉山椒鸟、粉红山椒鸟混群活动。食昆虫和少数植物的种子。通常营巢于茂密森林中的乔木上，巢呈浅杯状。

243. 小山椒鸟（***peregrinus*** 亚种）

Small Minivet（*Pericrocotus cinnamomeus peregrinus*）

小山椒鸟（*peregrinus*亚种）隶属雀形目山椒鸟科。体长约16厘米。雄鸟前额、头顶、背部以及肩羽为浅灰色，眼先、脸颊、耳羽、颏及喉部为深灰色，胸部及腰部为橙红色，翅和中间尾羽黑色，翼上有一大一小两块相连的红斑，尾外缘橙色；雌鸟整体颜色较雄鸟淡，眼先、脸颊、喉部及胸部淡黄色，翼斑黄色。分布于印度次大陆及中国的西南地区。栖于红树林、热带旱生林等生境。以蛾、毛虫、甲虫、知了等昆虫为食。4–9月为主要繁殖季。巢较小，呈杯状。

244. 粉红山椒鸟

Rosy Minivet（*Pericrocotus roseus*）

粉红山椒鸟隶属雀形目山椒鸟科。体长18–20厘米。雄鸟具红色或黄色的斑纹，颏及喉白色，头顶及上背灰色，胸玫红色。雌鸟腰部及尾上覆羽的羽色仅比背部略浅，并淡染黄色；下体为浅黄色。分布于中南半岛、印度以及中国大陆的黄河以南地区。主要栖息于海拔约2000米以下开阔的次生阔叶林、混交林、针叶林、开垦耕地、稀疏杂木灌丛及雨林边缘。主要取食毛虫、蟠象、金龟甲等农林害虫。4–6月为繁殖季。巢呈杯状，略深。

245. 灰山椒鸟

Ashy Minivet（*Pericrocotus divaricatus*）

灰山椒鸟隶属雀形目山椒鸟科。体长约20厘米。体羽有黑、灰、白三色。雄鸟顶冠后部、过眼纹及飞羽黑色，上体余部灰色，下体白。雌鸟色浅且多灰色。分布于中南半岛、苏门答腊岛、婆罗洲、菲律宾、朝鲜、日本、中国大陆部分地区及台湾地区。主要栖息于茂密的原始落叶阔叶林和红松阔叶混交林中，也出现在次生林、河岸林林缘。常成群在树冠层上空飞翔，飞行轨迹为波浪形，边飞边叫，鸣声清脆，停留时常单独或成对栖于大树顶层的侧枝或枯枝上。通常营巢于落叶阔叶林和红松阔叶混交林中，巢多置于高大树木的侧枝上，巢呈碗状。

246. 黄腹啸鹟

Yellow-bellied Whistler（*Whistler philippinensis*）

黄腹啸鹟隶属雀形目啸鹟科。冠棕灰色带橄榄绿，头部和侧面耳羽灰棕色，颏、喉白色并带淡淡的条纹，下体暗黄色，上体背部橄榄绿色，初级飞羽灰色。分布于太平洋诸岛屿，包括中国台湾、东沙群岛、西沙群岛、中沙群岛、南沙群岛以及菲律宾、文莱、马来西亚、新加坡、巴布亚新几内亚、印度尼西亚的苏门答腊岛和爪哇岛。喜森林等生境，从海平面到海拔1220米左右均有栖息。一般取食牧草下层的昆虫。4月左右为繁殖季。巢呈杯状。

247. 红翅鵙鹛（***flaviscapis*** 亚种）

White-browed Shrike-babbler（*Pteruthius flaviscapis flaviscapis*）

红翅鵙鹛（*flaviscapis*亚种）隶属雀形目莺科。体长约17厘米。雄鸟头黑色，眉纹白色，上背及背灰色，尾、两翼黑色，初级飞羽羽端白色，三级飞羽金黄色和橘黄色，下体灰白；雌鸟色暗，下体皮黄色，头近灰色，翼上少鲜艳色彩。分布于巴基斯坦东北部至中国大陆的西藏，经四川、广西，东到福建，南到云南、海南等地。喜成对或混群活动，在林冠层上下穿行捕食昆虫。一般活动于阔叶树的树枝间、灌丛间及灌木小枝的顶端。巢似吊床，筑于树冠枝杈上。

248. 红翅鵙鹛（*validirostris* 亚种）

White-browed Shrike-babbler（*Pteruthius flaviscapis validirostris*）

红翅鵙鹛（*validirostris*亚种）隶属于雀形目莺科。该亚种雄鸟头黑色；背部浅灰色；白色的眉纹由眼睛上方延伸到颈侧后部；喉部至下体呈白色；三级飞羽呈栗色至深黄色；侧翼有灰色及少许粉红；嘴黑色，尖部稍有弯曲。雌鸟头、背呈棕色，初级飞羽尖端白色，次级飞羽边缘橄榄绿色，三级飞羽呈栗色。雌、雄鸟尾部皆为黑色，尾羽边缘和中央尾羽呈橄榄绿色，下体偏白，腹部至肛门渐变为灰色。分部于喜马拉雅山脉西部、巴基斯坦北部、印度、尼泊尔等地。喜成对或混群活动，在林冠层上下穿行捕食昆虫。一般活动于阔叶树的树枝间、灌丛间及灌木小枝的顶端。巢似吊床，筑于树冠枝杈上。

- 537 -

249. 棕腹䴗鹛

Black-headed Shrike-babbler（*Pteruthius rufiventer*）

棕腹䴗鹛隶属于雀形目莺科。体长约21厘米。雄鸟通体栗色，头、两翼及尾闪辉黑色，颏、喉及上胸呈明显的灰色，胸侧有黄色块斑，下胸及臀酒红褐色，尾端及次级飞羽羽端有少许栗色。雌鸟似雄鸟，但头侧灰色，头顶黑色且具灰色斑纹，上体余部亮橄榄绿色，仅腰、尾上覆羽及次级飞羽羽端栗色，尾背面偏绿，腹部偏黑。分布范围自尼泊尔东至缅甸、越南以及中国大陆的云南等地。常在树尖和地上觅食，结小群活动，常加入山雀及其他鹛类组成的“鸟浪”。性冷漠，不惧生。

250. 栗喉鵙鹛

Black-eared Shrike-babbler（*Pteruthius melanotis*）

栗喉鵙鹛隶属于雀形目莺科。体长约11.5厘米。雄鸟全身色彩鲜艳，具两道醒目的白色翼斑，耳羽后具黑色的月牙形斑且前顶冠黄色，喉及上胸浅栗色。雌鸟似雄鸟，但喉黄；翼斑为暗淡皮黄色而非白色。分布于尼泊尔、不丹、印度、孟加拉、缅甸、泰国、老挝、越南、马来半岛以及中国大陆的云南等地。常见于茂密森林中的高大树木上及灌木林中，有时也见于林间开阔地和小溪旁。常与山雀、柳莺及燕尾混群。主要取食蚂蚁、甲虫等。巢似吊床，筑于树冠枝杈上。

251. 淡绿鵙鹛

Green Shrike-babbler（*Pteruthius rufiventer*）

淡绿鵙鹛隶属于雀形目莺科。体长12–13厘米。看似柳莺但体型粗壮且动作不灵活。黑色的嘴粗厚，眼圈白，喉及胸偏灰，腹部、臀及翼线黄色。覆羽灰，具浅色翼斑。分布于巴基斯坦东北部至中国东南部，缅甸西部及北部。留鸟，不常见，分布于海拔760—3600米的亚高山混交林及针叶林。常与山雀、鹛及柳莺混群。主要取食蚂蚁、甲虫等。巢似吊床，离地1.5–8米。

252. 亚洲漠地林莺

Asian Desert Warbler（*Sylvia nana*）

亚洲漠地林莺隶属于雀形目莺科。体长约11.5厘米，属中等体型的莺类。全身棕灰色，头顶至背部色较深，两翅边缘黑色，尾棕色，后胸、腹色较淡。繁殖于中东至中亚和中国，越冬于非洲西北部、阿拉伯半岛至印度西北部。国内仅分布于新疆西部。多在有低矮灌丛覆盖的半干旱沙漠地带活动。主要取食小型昆虫，也吃种子和浆果。营巢于灌丛中，离地面1米高，每窝产卵4–6枚。

253. 寿带

Asian Paradise Flycatcher（*Terpsiphone paradisi*）

寿带隶属于雀形目鹟科。中央两根尾羽长达身体的四五倍，形似绶带，故名。雄鸟体长连尾羽约30厘米，头、颈和羽冠均具深蓝色辉光。雄鸟有两种色形：一种身体其余部分白色而具黑色羽干纹；另一种上体赤褐，下体近灰。雌鸟较雄鸟短小。分布于土耳其、印度、中国、东南亚及巽他群岛。主要栖息于海拔1200米以下的低山丘陵和山脚平原地带的阔叶林、次生阔叶林中。以昆虫为食，且鳞翅目昆虫居多。巢筑于树杈间，以树皮和禾本科草叶为巢材，巢呈杯状。

- 547 -

254. 紫寿带

Japanese Paradise Flycatcher（*Terpsiphone atrocaudata*）

紫寿带隶属于雀形目鹟科。体长约20厘米，属中型鸣禽。雄鸟计入尾长约45厘米。雄性成鸟具冠羽，胸部黑灰色且有紫蓝色光泽，下体白色，翼、背部及臀部呈紫黑色，尾部中央有极长的黑色尾羽；雄性雏鸟的尾羽较短。该种雄鸟不同于寿带雄鸟的是其翼及尾黑色，背近紫黑色。分布于印度尼西亚、日本、韩国、朝鲜、中国南部等。主要栖息于海拔1200米以下的低山丘陵和山脚平原地带的阔叶林、次生阔叶林中。以昆虫为食。筑巢于树杈间，巢呈杯状。

255. 大仙鹟

Large Niltava（*Niltava grandis*）

大仙鹟隶属于雀形目鹟科。体长20–22厘米。雄鸟上体蓝色，头顶亮蓝色，颈侧有亮辉浅蓝色块，肩部及腰部辉蓝色，下体黑色。雌鸟橄榄褐色，头顶蓝灰色，颈侧有亮辉浅蓝色块，喉部有皮黄色三角形块斑。分布范围从尼泊尔至中国西南、东南亚及苏门答腊岛。食物包括小型无脊椎动物和浆果。栖于半山区及山区森林的中层，性孤僻。2–7月为繁殖期，巢呈敞口半球杯状，由苔藓类植物制成。

256. 棕腹仙鹟

Rufous-bellied Niltava（*Niltava sundara*）

棕腹仙鹟隶属于雀形目鹟科。体长约16厘米。雄鸟额、眼先、颊部、颏及喉部黑色，头顶钴蓝色，颈侧有一钴蓝色细长斑纹，上体黑蓝紫色，肩上具蓝色羽斑，飞羽棕褐色，尾羽黑褐色，腹部至尾下覆羽棕色，嘴黑色。雌鸟总体为橄榄棕褐色，腰和尾上覆羽栗棕色，尾羽棕褐色，两翅褐色，颈两侧各具一辉蓝色斑。分布于孟加拉国、不丹、中国秦岭以南和印度等东南亚国家。多在林下灌丛和下层树冠层中单独或成对活动。主要以昆虫为食。营巢于陡岸岩坡洞穴中或石隙间，巢呈杯状，主要由苔藓构成。

257. 小仙鹟

Small Niltava（*Niltava macgrigoriae*）

小仙鹟隶属于雀形目鹟科。体长约14厘米，是一种体型较小的深色鹟。雄鸟整体深蓝色，脸侧及喉部黑色，臀白色，前额、颈侧及腰为闪辉蓝色；雌鸟整体褐色，翼及尾棕色，颈侧具闪辉蓝色斑块，喉皮黄，项纹浅皮黄。分布于喜马拉雅山脉至印度东北部、中国南方及东南亚的部分地区。主要以小型无脊椎动物（包括苍蝇）和一些水果为食。营巢于陡岸岩坡洞穴中或石隙间，通常由雌性搭巢，巢呈杯状，主要由苔藓构成。

258. 鹊鸲（*saularis* 亚种）

Oriental Magpie-robin（*Copsychus saularis saularis*）

鹊鸲（*saularis*亚种）隶属于雀形目鹟科。体长约20厘米。鹊鸲体色似喜鹊，黑白相间。雄鸟头、胸及背闪辉蓝黑色，两翼及中央尾羽黑色，外侧尾羽及覆羽上的条纹白色，腹及臀亦白色；雌鸟似雄鸟，但暗灰色取代黑色。虹膜褐色，嘴及脚黑色。分布于印度、中国南方、菲律宾、东南亚及大巽他群岛。常见于低海拔地带，高可至海拔1700米。常光顾花园、村庄、次生林、开阔森林及红树林。飞行时易见，栖于显著处鸣唱或炫耀。取食多在地面，不停地把尾低放展开又骤然合拢伸直。有多种活泼的鸣声，包括模仿其他鸟的叫声。

259. 鹊鸲（***musicus*** 亚种）

Oriental Magpie-robin（*Copsychus saularis musicus*）

鹊鸲（*musicus*亚种）与*saularis*亚种形态差异较小。雄鸟头、胸及背闪辉蓝黑色，两翼及中央尾羽黑色，外侧尾羽及覆羽上的条纹白色，腹及臀亦白色；雌鸟与*saularis*亚种相比背部更具光泽。主要分布于泰国及马来半岛南部、苏门答腊岛、爪哇岛西部、婆罗洲西部和南部。

260. 白腰鹊鸲

White-rumped Shama（*Copsychus malabaricus*）

白腰鹊鸲隶属于雀形目鹟科。体型略大，体长约27厘米。雄鸟的头、颈及背黑色而具蓝色光泽，两翼及中央尾羽暗黑色，腰及外侧尾羽白色，腹部橙褐色，白色的腰羽和延长的尾羽是其显著的辨识特征；雌鸟似雄鸟但上体的黑色为灰色所取代。虹膜深褐色，嘴黑色，脚浅肉色。分布于印度至中国西南部、东南亚及大巽他群岛。罕见于高可至海拔1500米的热带森林。在我国主要分布于西藏东南部、云南西南部及南部和海南岛。性格惧生，经常藏匿于密林及灌丛。晨昏时于低栖处发出嘹亮鸣声，两翼下悬，尾高举，在地面跳动或作短距离飞行。

261. 东方斑鵰（*picata* 亚种）

Variable Wheatear（*Oenanthe picata picata*）

东方斑鵰（*picata*亚种）隶属于雀形目鶲科。体长约15厘米，属体型较大的鵰类。东方斑鵰不同亚种雄鸟体色不同。*picata*亚种雄鸟的头、胸及背部上方均为黑色，腹部及下背部白色；雌鸟体色多变，与雄鸟相比，其黑色区域为褐色所代替。繁殖于中亚地区，越冬于伊朗南部至印度西北部。国内偶见于新疆的喀什地区。常在干热的沙漠戈壁和山地活动，主要取食小型昆虫。多筑巢于河岸、石壁中岩石下的石缝或洞中，每窝产卵4–7枚。

262. 东方斑䳭（*opistholeuca* 亚种）

Variable Wheatear（*Oenanthe picata opistholeuca*）

东方斑䳭（*opistholeuca*亚种）隶属于雀形目鹟科。体长约15厘米，属体型较大的䳭类。*opistholeuca*亚种雄鸟的头、胸、腹及背部上方均为黑色，仅下背部和下腹部及尾羽两侧白色；雌鸟与雄鸟类似，但黑色为褐色所代替。分布于中亚帕米尔–阿赖山1500米以上的地区。常在干热的沙漠戈壁和山地活动，主要取食小型昆虫。多筑巢于河岸、石壁中岩石下的石缝或洞中，每窝产卵4–7枚。

263. 东方斑鹏（*capistrata* 亚种）

Variable Wheatear（*Oenanthe picata capistrata*）

东方斑䳭（*capistrata*亚种）隶属于雀形目鹟科。体长约15厘米，属体型较大的䳭类。*capistrata*亚种雄鸟的胸及背部上方为黑色，头顶、腹部、背部下方及尾羽两侧白色；雌鸟上体淡褐色，下体白色。分布于中亚低海拔的山区。常在干热的沙漠戈壁和山地活动，主要取食小型昆虫。多筑巢于河岸、石壁中岩石下的石缝或洞中，每窝产卵4–7枚。

264. 白顶鵰

Pied Wheatear（*Oenanthe pleschanka*）

白顶鵰隶属于雀形目鶲科。体长约15厘米，属体型较大的鵰类。雄性成鸟繁殖期头顶白色沾灰，眼周黑色，两翅及背部黑色，腹部白色；非繁殖期头顶灰色。雌鸟全身多褐色，两翅黑色，腹部白色。分布于欧洲东南部至亚洲，迁徙至非洲东部越冬；国内分布于西北和华北地区。常在半干旱的荒漠戈壁活动。主要取食无脊椎动物，如蚂蚁和甲虫。常在岩石底下的洞中筑巢，每窝产卵4–6枚。

265. 漠䳭（***deserti*** 亚种）

Desert Wheatear（*Oenanthe deserti deserti*）

漠䳭（*deserti*亚种）隶属于雀形目鹟科。体长14–15厘米，属体型较大的䳭类。雄鸟头顶至背部棕色，眼周及喉部黑色，两翅黑色，胸部棕色较淡，腹部近白色，尾黑色。繁殖于地中海沿岸的非洲至中亚，越冬于非洲北部、阿拉伯半岛至印度西北部。国内分布于西北、华北及西藏等地区。常在荒漠、干热河谷及沙漠边缘活动，栖息于低矮灌丛中。主要取食无脊椎动物，也吃植物种子。营巢于路边或河岸边的石缝或灌丛中，每窝产卵3–6枚。

266. 漠鹏（*atrogularis* 亚种）

Desert Wheatear（*Oenanthe deserti atrogularis*）

漠鹏（*atrogularis*亚种）隶属于雀形目鹟科。体长14–15厘米，属体型较大的鹏类。雄鸟头顶至背部棕色，眼周及喉部黑色，两翅黑色，胸部棕色较淡，腹部近白色，尾黑色。繁殖于埃及、中亚至蒙古，越冬于巴基斯坦、印度及中国大陆的内蒙古、甘肃、宁夏、新疆等北方地区。常在荒漠、干热河谷及沙漠边缘活动，栖息于低矮灌丛中。主要取食无脊椎动物，也吃植物种子。营巢于路边或河岸边的石缝或灌丛中，每窝产卵3–6枚。

267. 黑白林鵰

Jerdon's Bush Chat（*Saxicola jerdoni*）

黑白林鵰隶属于雀形目鶲科。体长约15厘米，属体型较大的鵰类。雄鸟头部、背部、两翅和尾部黑色，喉部、胸部至腹部白色；雌鸟偏褐色，喉部白色，胸腹部褐色较淡。国外分布于印度、孟加拉国、老挝、缅甸等国，国内仅分布于云南的西双版纳。常在低地平原的高草地带或农田活动，主要取食昆虫。营巢于地上或河岸的洞中，每窝产卵2–4枚。

268. 黑喉石鹏（*torquatus* 亚种）

Common Stonechat（*Saxicola torquatus torquatus*）

黑喉石鹏（*torquatus*亚种）隶属于雀形目鹟科。体长约12厘米，属中等体型的鹏类。雄鸟头部、背部、两翅和尾部黑色，脸下方白色，翅上有白斑，胸部有棕色斑，腹部白色；雌鸟头部、背部和两翅偏褐色。黑喉石鹏亚种分化较多，各亚种翅上白斑及胸腹部棕色斑大小不同。分布范围广泛，繁殖期在整个欧亚大陆都有分布，在地中海沿岸、阿拉伯半岛及印度次大陆越冬。分布于非洲南部和欧洲南部的种群则为留鸟。常在林缘地带、村庄和农田附近的灌丛中活动，主要取食无脊椎动物。营巢于地上或灌丛中，每窝产卵4–6枚。

269. 黑喉石䳭（***maurus*** 亚种）

Common Stonechat（*Saxicola torquatus maurus*）

黑喉石䳭（*maurus*亚种）隶属于雀形目鹟科。体长约12厘米，属中等体型的䳭类。雄鸟头部、背部、两翅和尾部黑色，脸下方白色，翅上有白斑，胸部有棕色斑，腹部白色；雌鸟头部、背部和两翅偏褐色。该亚种分布于北欧至蒙古、天山东部和巴基斯坦，越冬于亚洲南部和西南部。常在林缘地带、村庄和农田附近的灌丛中活动，主要取食无脊椎动物。营巢于地上或灌丛中，每窝产卵4–6枚。

270. 蓝大翅鸲

Grandala（*Grandala coelicolor*）

蓝大翅鸲隶属于雀形目鹟科。体长19-23厘米，是一种体型较大、类似鸫类的鸲类。雄鸟通体蓝色，眼周及两翅色较暗；雌鸟通体褐灰色，胸腹部有淡色纵纹，两翅上有白斑。分布范围从喜马拉雅东北部至不丹，再到中国；国内分布于华中地区。繁殖期在高海拔的高山草甸及裸岩地带活动，冬季至海拔3000-4300米的林间活动。主要取食昆虫和浆果。营巢于岩壁平台上，每窝产卵2枚。

- 581 -

271. 红腹红尾鸲

Güldenstädt's Redstart（*Phoenicurus erythrogastrus*）

红腹红尾鸲隶属于雀形目鹟科。体长约18厘米，属体型较大的红尾鸲。雄鸟色彩鲜艳，头顶白色，脸、喉、胸及背部黑色，两翅黑色具白色斑，胸部及尾部红色；雌鸟则以棕色为主，尾部棕红色。分布于高加索山脉、中亚、喜马拉雅山脉及中国；国内分布于新疆、青海、甘肃、西藏等地的高山地区，越冬于河北、山西、四川和云南等地。常在高寒的山地活动，繁殖季主要取食昆虫，冬季则为植食性。常在靠近雪线的峭壁岩石缝中筑巢，每窝产卵3–5枚。

272. 赭红尾鸲

Black Redstart（*Phoenicurus ochruros*）

赭红尾鸲隶属于雀形目鹟科。体长14–15厘米，属中等体型的红尾鸲。雄鸟全身黑色，下腹部及尾部棕红色，两翅及头顶发灰；雌鸟则以褐色为主，仅尾部棕红色。分布于欧洲、北非、西亚、帕米尔高原、高加索和中亚等地区，国内分布于西部和西南地区。多单独活动，繁殖期成对。常在林下及林缘灌丛活动和觅食，主要取食小型无脊椎动物，也吃种子等。营巢于灌丛和岩石间的洞穴中，每窝产卵4–6枚。

273. 红喉歌鸲

Siberian Rubythroat（*Calliope calliope*）

红喉歌鸲隶属于雀形目鹟科。体长14–16厘米，属中等体型的歌鸲。雄鸟全身褐色，喉部红色最为显眼，有白色眉纹，脸和喉之间有白色纵纹，腹部色较淡；雌鸟与雄鸟相似，仅喉部为白色。繁殖于乌拉尔山脉及西伯利亚地区至蒙古、朝鲜、日本和中国，越冬于亚洲南部及东南部；国内繁殖于东北、青海东北部至四川，越冬于云南、海南及台湾等地。地栖性鸟类，常在平原上的灌丛和草丛间跳跃，或在地面奔跑。在近水地面觅食，主要取食昆虫。营巢于灌丛或草丛掩盖的地面上，每窝产卵4–6枚。鸣声婉转，善于模仿蟋蟀等鸣虫的鸣声。

274. 黑胸歌鸲（***pectoralis*** 亚种）

White-tailed Rubythroat（*Calliope pectoralis pectoralis*）

黑胸歌鸲（*pectoralis*亚种）隶属于雀形目鹟科。体长14–16厘米，属中等体型的歌鸲。雄鸟头顶、颈背及两翅灰色，眉纹白色，喉部红色，胸部黑色，腹部白色，尾部两侧有白色斑块；雌鸟则以棕褐色为主，喉部及腹部白色。分布于喜马拉雅山脉、土耳其、印度东北部至中国西南，国内分布于新疆、西藏、青海、甘肃、四川和云南等地。夏季在林线以上的高山灌丛活动，冬季向下迁徙至较低处。多在近地面活动觅食，主要取食昆虫、蜘蛛及小型爬行类。常在灌丛下或岩石间筑巢，每窝产卵3–5枚。

275. 黑胸歌鸲（*tschebaiewi* 亚种）

White-tailed Rubythroat（*Calliope pectoralis tschebaiewi*）

黑胸歌鸲（*tschebaiewi*亚种）隶属于雀形目鹟科。体长14–16厘米，属中等体型的歌鸲。雄鸟头顶、颈背及两翅灰色，眉纹白色，喉部红色，胸部黑色，腹部白色，尾部两侧有白色斑块；雌鸟则以棕褐色为主，喉部及腹部白色。该亚种脸和喉部之间有一道白色纹。该亚种繁殖于克什米尔北部，中国中部以及西藏的南部、东部和东北部；越冬于印度东北部。夏季在林线以上的高山灌丛活动，冬季向下迁徙至较低处。多在近地面活动觅食，主要取食昆虫、蜘蛛及小型爬行类。常在灌丛下或岩石间筑巢，每窝产卵3–5枚。

- 591 -

278. 白冠燕尾

White-crowned Forktail（*Enicurus leschenaulti*）

白冠燕尾隶属于雀形目鹟科。体长25–28厘米，属体型中等的燕尾。头部除前额为白色外均为黑色；胸部及背部黑色；两翅黑色具一白色横带；腰部白色；尾黑色而较长，上有若干道白色带。分布于东南亚、印度北部和中国南部。国内分布于南方大部分地区及西南和华中。常在流速较快而多岩石的河流、小溪附近活动。主要取食水生昆虫及其幼虫。营巢于水流边，如瀑布后的洞穴中，每窝产卵2–5枚。

279. 小燕尾

Little Forktail（*Enicurus scouleri*）

小燕尾隶属于雀形目鹟科。体长12–14厘米，属体型较小的燕尾。全身黑白两色，头顶、背、喉、两翅及尾部均为黑色，前额、胸腹部白色，肩部有白斑。分布范围从中亚沿着喜马拉雅山脉至中国南部。国内分布于西南、华南至华中地区。常在流速较快而多岩石和瀑布的溪流附近活动。主要取食水生昆虫和甲壳类。营巢于瀑布后的洞穴中，每窝产卵2–4枚。

280. 北非橙簇花蜜鸟
Palestine Sunbird（*Cinnyris osea*）

北非橙簇花蜜鸟隶属于雀形目太阳鸟科。体小，体长8–10厘米。雄鸟额头紫色，头顶及尾上覆羽辉蓝色，翅上覆羽金属绿色，翅下黑褐色，面部金属绿色，颏黑色，喉部有紫色与绿色金属光泽，胸部至尾下覆羽紫金色，胁下有一簇橙红色渐变黄色的羽毛。雌鸟整体暗灰褐色，腹部有淡黄色，腋下至臀部白色并夹杂黄棕色羽毛。分布于印度洋，包括马达加斯加群岛及其附近岛屿。通常单独或成对出现。以花蜜、水果、种子及蜘蛛和昆虫的汁液为食。雌性单独筑巢，巢呈梨形，由杂草构成。

281. 紫腰花蜜鸟

Purple-rumped Sunbird（*Leptocoma zeylonica*）

紫腰花蜜鸟隶属于雀形目太阳鸟科。体长约10厘米。雄鸟冠及肩上覆羽金属绿色，脸颊两侧、脖颈部及背部深栗色，臀部和尾上覆羽金属紫色，飞羽黑色，翼边缘褐色，喉部金属紫色，胸腹部柠檬黄色，至翼下渐变为灰白色。雌鸟整体棕橄榄色；眉纹狭窄，呈白色；贯眼纹黑色；喉部棕黄色；胸腹部淡黄色。分布于印度、孟加拉国和斯里兰卡等地。以花蜜、水果、蜘蛛和昆虫的汁液为食。巢多为梨形或椭圆形的开口钱包状。

282. 铜喉花蜜鸟

Copper-throated Sunbird（*Leptocoma calcostetha*）

铜喉花蜜鸟隶属于雀形目太阳鸟科。体长12.2–13厘米。雄性成鸟头顶金属绿色；头两侧、后颈、上背、翼及尾黑色；下背部、臀部和尾上覆羽金属绿色；颏和喉金属铜红色，并夹杂金属蓝紫色；胸部金属紫蓝色，胸侧饰黄色羽毛，腹部和尾下覆羽黑色。雌性成鸟头顶灰褐色，上半身橄榄黄色，喉灰白色，下体灰橄榄绿色，腹部较黄，尾下覆羽白色。幼鸟体色与雌性成鸟相似，但喉部为黄色。分布于中南半岛、中国东南沿海地区和太平洋诸岛屿。巢为梨形袋状，顶部有椭圆形的入口，用细草、纤维、木棉和毛制成，并用树皮伪装。

283. 蓝喉太阳鸟

Gould's Sunbird（*Aethopyga gouldiae*）

蓝喉太阳鸟隶属于雀形目太阳鸟科。雄鸟体长13–16厘米，雌鸟体长9–11厘米，属小型鸟类。嘴细长而向下弯曲。雄鸟前额至头顶、颏和喉辉紫蓝色；背、胸、头侧、颈侧朱红色；耳后和胸侧各有一紫蓝色斑，在四周朱红色的衬托下甚为醒目；腰、腹黄色；中央尾羽延长，呈紫蓝色。雌鸟上体橄榄绿色，腰黄色，喉至胸灰绿色，其余下体绿黄色。分布于中国、印度、孟加拉国、缅甸、越南、老挝等地。栖息于海拔1000–3500米的常绿阔叶林及落叶混交林中。主要以花蜜为食，也吃昆虫。巢呈椭圆形或梨形。

284. 黑胸太阳鸟

Black-throated Sunbird（*Aethopyga saturata*）

黑胸太阳鸟隶属于雀形目太阳鸟科。体长9–15厘米。嘴细长而向下弯曲。雄鸟中央尾羽极长，尾呈楔形，头顶至后颈紫蓝色具金属光泽，背褐红色，腰部有一黄色横带，尾上覆羽和尾紫蓝色，颏、喉和上胸乌黑色，有的下胸为硫黄色，其余下体灰橄榄绿色。雌鸟上体橄榄绿色，具黄色腰带；下体灰橄榄绿色。分布于中国、尼泊尔、不丹、孟加拉国及印度和缅甸等东南亚国家。栖息于海拔1000米以下的低山丘陵和山脚平原地带的常绿阔叶林及次生林中。主要以花蜜为食，也食昆虫。巢呈椭圆形或梨形。

285. 火尾太阳鸟

Fire-tailed Sunbird（*Aethopyga ignicauda*）

火尾太阳鸟隶属于雀形目太阳鸟科。体长约20厘米。雄鸟整体红色，具极长的艳猩红色中央尾羽，头顶金属蓝色，眼先和头侧黑色，喉及髭纹金属紫色，下体黄色，胸具艳丽的橘黄色块斑。雌鸟整体灰橄榄色，腰黄色，体型比雄鸟小很多。分布于印度、缅甸及中国大陆的西藏、云南等地。主要栖息于海拔2000–3000米的山地、沟谷或村寨附近的次生阔叶林。取食于开花的杜鹃丛、荆棘丛及树丛，食甘露和蜘蛛等。巢为椭圆形，在顶部附近有很小的入口。

286. 黄腰太阳鸟

Crimson Sunbird（*Aethopyga siparaja*）

黄腰太阳鸟隶属于雀形目太阳鸟科。体长10–15厘米。嘴细长而向下弯曲。雄鸟额和头顶前部金属绿色，头顶后部橄榄褐色，颈、背、肩、颏、喉、胸及翅上中覆羽和小覆羽概为红色，腰黄色，颧纹和尾紫绿色，中央一对尾羽特形延长，腹至尾下覆羽灰绿色沾黄色；雌鸟上体灰橄榄绿色，腰和尾上覆羽橄榄黄色，下体灰色沾橄榄黄色。分布于中国和东南亚，是新加坡的国鸟。主要以昆虫和花蜜为食，也吃植物果实和种子。巢呈梨形，悬吊于细的侧枝末梢。与猩红太阳鸟属超种关系，常视为同种。

288. 绿喉太阳鸟

Lovely Sunbird（*Aethopyga nipalensis*）

绿喉太阳鸟隶属于雀形目太阳鸟科。雄鸟体长13–15厘米，雌鸟体长10–12厘米。雄鸟前额至后颈辉绿色，头侧黑色，颈侧和背暗红色，两肩、下背橄榄绿色，腰鲜黄色，尾上覆羽和中央尾羽暗绿色，中央尾羽延长，颏和喉辉绿色，胸黄色而杂有细的红色纵纹，其余下体黄绿色。雌鸟上体橄榄绿色，颏、喉淡灰绿色，其余下体淡黄色。分布于中国、尼泊尔、不丹、孟加拉国、缅甸、印度、越南、泰国、老挝等地。栖息于海拔1500–2600米常绿或落叶阔叶林、针阔叶混交林和热带雨林。以花蜜为食。巢为袋状。

289. 紫色花蜜鸟

Purple Sunbird（*Cinnyris asiaticus*）

紫色花蜜鸟隶属于雀形目太阳鸟科。体长约11厘米，体小而色甚深。雄鸟一般通体黑色，但某些角度下具绿色闪辉和绛紫色的胸带，胸侧羽簇为黄色及橘黄色。雌鸟上体橄榄色，下体暗黄，尾端白色较窄。繁殖后的雄鸟似雌鸟，但喉中心具黑色纵纹。分布于云南西部、西双版纳及西藏东南部中低海拔的开阔原野及花园，在印度、东南亚也有分布。以昆虫、蜘蛛和花蜜为食。巢为袋状。

290. 罗氏花蜜鸟

Loten’s Sunbird（*Cinnyris lotenius*）

罗氏花蜜鸟隶属于雀形目太阳鸟科。体长约13厘米。雄鸟大多上体包括喉、翼上覆羽较黑，喉部有蓝绿色和紫色的金属光泽，尾部金属蓝色，领口有窄的暗红色或栗色胸斑，明亮的黄色从胸部延伸至翼下，腹部为黑棕色。雌鸟背部暗褐橄榄色；尾蓝黑色，具白色外缘；腹部暗黄色；尾下覆羽白色。分布于印度次大陆及中国的西南地区。以昆虫、蜘蛛和花蜜为食。巢为袋状，由纤维、地衣、根、草、苔藓和树叶等制成，内衬有蔬菜或羊毛，外观很整洁。

291. 暗绿绣眼鸟（***simplex*** 亚种）

Japanese White-eye（*Zosterops japonicus simplex*）

暗绿绣眼鸟（*simplex*亚种）隶属于雀形目绣眼鸟科。体长9–11厘米。从额基至尾上覆羽概为草绿色，前额沾有较多黄色且更为鲜亮，眼周有一圈白色绒状短羽，眼先和眼圈下方有一细的黑色纹，耳羽、脸颊黄绿色，翅外侧覆羽和飞羽暗褐色或黑褐色，尾暗褐色，颏、喉、上胸和颈侧鲜柠檬黄色，下胸和两胁苍灰色，腹中央近白色，尾下覆羽淡柠檬黄色，腋羽和翅下覆羽白色，有时腋羽微沾淡黄色。该亚种为留鸟或夏季繁殖鸟，见于中国华东、华中、西南、华南、东南及台湾地区，冬季北方鸟南迁。以昆虫为食。营巢于阔叶或针叶树及灌木上，巢呈吊篮状或杯状。

292. 红胁绣眼鸟

Chestnut-flanked White-eye（*Zosterops erythropleurus*）

红胁绣眼鸟隶属于雀形目绣眼鸟科。体长10.5–11厘米。与暗绿绣眼鸟的区别在于喉为明亮的柠檬黄色，下颚色较淡，明显分界于胸部的浅灰色，两胁栗色，有时颜色较淡。主要分布于东亚及中南半岛。繁殖于中国东北，越冬南迁至华中、华南及华东。常见于海拔1000米以上的原始林及次生林。通常成群，有时与其他小雀形目混群，如北长尾山雀或暗绿绣眼鸟。以昆虫为食。营巢于阔叶或针叶树及灌木上，巢呈吊篮状或杯状。

293. 栗颈凤鹛

Chestnut-collared Yuhina（*Staphida torqueola*）

栗颈凤鹛隶属于雀形目绣眼鸟科。体长14–15厘米，属中等体型的凤鹛类。整个头顶灰色，有较短的羽冠，眼后、耳羽及后颈部栗色，背部灰绿色，两翅及尾暗褐色，外侧尾羽端部白色，腹部浅灰色。两性羽色相似。国内分布于华南地区，国外见于泰国、老挝和越南。繁殖期成对，非繁殖期集群，活动于小乔木或灌木上层，作短距离飞行，或在地上活动，取食昆虫和种子。营巢于天然树洞中，每窝产卵3–5枚。

294. 栗耳凤鹛

Striated Yuhina（*Yuhina castaniceps*）

栗耳凤鹛隶属于雀形目绣眼鸟科。体长约13厘米，属中等体型的凤鹛类。头顶棕色或灰色，有较短的羽冠，眼后、耳羽及后颈部栗色，背部灰绿色，两翅及尾暗褐色，外侧尾羽端部白色，腹部浅灰色。两性羽色相似。分布于印度及东南亚，国内分布于西藏东南部。繁殖期成对，非繁殖期集群，活动于小乔木或灌木上层，作短距离飞行，或在地上活动，取食昆虫或种子。营巢于树洞或河岸边的土洞中，每窝产卵3–4枚。

295. 白项凤鹛

White-naped Yuhina（*Yuhina bakeri*）

白项凤鹛隶属于雀形目绣眼鸟科。体长约13厘米，属中等体型的凤鹛类。冠羽明显，枕部及喉部白色，背部及两翅褐色，腹部褐色较淡。分布于喜马拉雅山东部及缅甸北部，国内分布于西藏东南部和云南西部。常在季雨林和热带、亚热带湿润的低地森林活动，集群觅食，取食昆虫和浆果。营巢于灌丛中，每窝产卵3–4枚。

296. 黄颈凤鹛

Whiskered Yuhina（*Yuhina flavicollis*）

黄颈凤鹛隶属于雀形目绣眼鸟科。体长约13厘米，属中等体型凤鹛类。具羽冠，头、背部及两翅深褐色，后颈部橙色明显，眼圈白色，喉部白色，喉两侧有黑色纵纹，胸腹部两侧褐色具白色条纹。分布于喜马拉雅山脉一带至中国西南、缅甸、泰国等地，国内分布于西藏南部、东南部和云南大部分地区，在分布区较为常见。常在亚热带、热带湿润的山地森林活动，与其他种类的凤鹛混群觅食。

297. 棕臀凤鹛

Rufous-vented Yuhina（*Yuhina occipitalis*）

棕臀凤鹛隶属于雀形目绣眼鸟科。体长约13厘米，属中等体型凤鹛类。具羽冠，头顶、背部及两翅灰褐色，头后棕色明显，眼圈白色，喉部白色，喉两侧有黑色纵纹，腹部灰色，臀部棕色。体羽与黄颈凤鹛（*Yuhina flavicollis*）稍相似，但臀部和颈部可将二者区分开。分布于喜马拉雅山脉一带至中国西南等地，国内分布于西藏南部、东南部和云南大部分地区，与黄颈凤鹛重叠。常在亚热带、热带湿润的山地森林活动，与其他种类的凤鹛混群觅食。

298. 红领啄花鸟

Scarlet-collared Flowerpecker（*Dicaeum retrocinctum*）

红领啄花鸟隶属于雀形目啄花鸟科。体长约10厘米。整体由黑、白、红三色构成，身形细长，喙下弯。大多数红领啄花鸟的头和上体包括尾巴都是深蓝色的，后颈部有一红色斑块，飞羽黑褐色，颏、喉及上胸黑色，喉部中心有一块红色，腹部中心有红色条状斑块，下胸、腹部及尾下覆羽灰白色，翼下覆羽白色，虹膜深棕红色，嘴和脚黑色。两性相似。仅分布于菲律宾民都洛岛。栖息于种植园、亚热带或热带的湿润低地林和耕地。以浆果、花蜜和槲寄生植物的花粉为食。

299. 橙腹啄花鸟

Orange-bellied Flowerpecker（*Dicaeum trigonostigma*）

橙腹啄花鸟隶属于雀形目啄花鸟科。体长8–9厘米。雄鸟上体深灰蓝色，有光泽，背上有一三角形橙色斑块；下体橙色；嘴黑色。雌鸟基本为灰橄榄褐色，尾部橄榄黄色，喉、胸、胁下灰褐色沾黄，腹部微黄。分布于菲律宾，分布范围从海平面到海拔1500米。栖息地包括种植园、亚热带或热带的湿润低地林和耕地。以浆果、花蜜和槲寄生植物的花粉为食。

300. 朱背啄花鸟（*cruentatum* 亚种）

Scarlet-backed Flowerpecker（*Dicaeum cruentatum cruentatum*）

朱背啄花鸟（*cruentatum*亚种）隶属于雀形目啄花鸟科。体长7–9厘米。雄性成鸟顶冠、背及腰猩红色，两翼、头侧及尾黑色，两胁灰色，下体白色。雌性成鸟上体橄榄色，腰及尾上覆羽猩红色，尾黑色。亚成鸟清灰色，嘴橘黄，腰略沾暗橘黄色。分布于印度、中国南方、东南亚、苏门答腊岛及婆罗洲。性活跃，频繁光顾次生林、林园及人工林中的寄生植物。以水果、种子、花蜜及蜘蛛等为食。巢为椭圆形或梨形钱包状，顶部有开口。

301. 朱背啄花鸟（*nigrimentum morph “pryeri”* 亚种）

Scarlet-backed Flowerpecker（*Dicaeum cruentatum nigrimentum*）

朱背啄花鸟（*nigrimentum morph “pryeri”* 亚种）隶属于雀形目啄花鸟科。体长7–9厘米。在该 “*pryeri*” 色型中，雄鸟喉部黑色，并向两侧延伸到下腹部；胸部中心白色，并带有纵向的黑色斑纹；顶冠、背及腰猩红色，背部下端有黑色斑点，尾及两翼黑色。雌鸟上体橄榄色，腰及尾上覆羽猩红色，尾黑色。该亚种主要分布于马来半岛和婆罗洲。栖息于各种森林（包括红树林、荒地森林、次生林）、沿海灌丛、果园、花园等，一般低于海拔1000米。以水果、种子、花蜜和一些昆虫为食。巢为椭圆形或梨形。

302. 红胸啄花鸟

Fire-breasted Flowerpecker（*Dicaeum ignipectus*）

红胸啄花鸟隶属于雀形目啄花鸟科。体长约9厘米。雄鸟头顶部闪辉深绿色，背部蓝色，下体皮黄色，胸部有猩红色块斑，一道狭窄的黑色纵纹沿腹部而下；雌鸟上体橄榄深绿色，下体赭皮黄色，嘴基部发白。广泛分布于印度、尼泊尔、不丹、孟加拉国、印度尼西亚、老挝、泰国、越南、中国台湾、马来西亚等地。栖息于热带雨林、亚热带或热带潮湿的低地森林和山地森林。巢为椭圆形，开口在侧边或顶部。

303. 白喉啄花鸟

Legge's Flowerpecker（*Dicaeum vincens*）

白喉啄花鸟隶属于雀形目啄花鸟科。体长约10厘米。雄鸟上体蓝黑色，喉白色，胸部和腹部黄色；尾短；嘴短而粗，尖端下弯，具有管状的舌头。雌鸟整体颜色较暗淡，上体为橄榄褐色。主要分布于斯里兰卡。以花蜜为食，也吃浆果和蜘蛛等昆虫。栖息于高大树木和雨林藤蔓中，偶尔在花园和种植园附近的森林中出现。多以水果为食，也食甘露、蜘蛛等昆虫。营巢于高18–38米的龙脑香树上。

304. 栗臀䴓

Chestnut-vented Nuthatch（*Sitta nagaensis*）

栗臀䴓隶属于雀形目䴓科。体长约13厘米。嘴细长且直，身体背面为石板蓝色，具有一条明显的黑色贯眼纹沿头侧伸向颈侧，翅的飞羽为黑色。中央一对尾羽为蓝灰色，其余为黑色。颏喉、颈侧和胸部为白色，两胁深砖红色，尾下覆羽栗色夹杂白色鳞状斑纹。分布于中国，印度，老挝，缅甸，泰国，越南。栖息于松树林、落羽杉和其他针叶树林。主要取食昆虫和松树种子。繁殖期常利用啄木鸟的弃洞或在树干上凿穴，洞口背风，向东南或南。

305. 丽䴓

Beautiful Nuthatch（*Sitta formosa*）

丽䴓隶属于雀形目䴓科。体长16–17厘米。雄鸟头和上背呈较亮的黑色，具紫蓝色短茅状纹；额、眉纹向后延伸至颈部，均为白色；肩羽、下背、腰至尾上覆羽亮蓝色；翅上覆羽具白色端斑，翅上小覆羽亮蓝色，其余覆羽和飞羽黑色；中央尾羽暗蓝灰色，具较粗的黑色轴纹，其余尾羽黑色，外缘和羽端蓝灰色；下体栗红色。分布于印度、缅甸、老挝、越南、中国云南等地。栖息于热带雨林、季雨林、山地常绿阔叶林和混交林中。主要以昆虫为食。营巢于离地面2–8米的树干上。

306. 栗腹䴓（*cinnamoventris* 亚种）

Chestnut-bellied Nuthatch（*Sitta cinnamoventris cinnamoventris*）

栗腹䴓（*cinnamoventris*亚种）隶属于雀形目䴓科。体长约13厘米。脸颊的白色斑块与深色的下体对比鲜明。雄鸟下体明显呈砖红色，黑色眼纹于后方宽展。雌鸟脸颊的白色斑块大而显著，尾近端部有小块白斑。诸亚种尾下覆羽有异，*tonkinensis*亚种尾下覆羽黑色且具橘黄色扇贝形斑纹，该亚种尾下覆羽白色且具橘黄色扇贝形斑纹。

- 653 -

307. 栗腹䴓（***cinnamoventris*** 亚种）（续）

Chestnut-bellied Nuthatch（*Sitta cinnamoventris cinnamoventris*）

栗腹䴓（*cinnamoventris*亚种）隶属于雀形目䴓科。分布于喜马拉雅山脉、印度、缅甸、中南半岛及中国西南部。栖息于大部分落叶林以及萨尔森林（以婆罗双树为主的树林）。主要以昆虫为食。通常成对或小混群。常在自然树洞内筑巢，巢中垫一些苔藓、树皮碎片，还有一些羽毛和昆虫翅膀等。

308. 白脸䴓

White-cheeked Nuthatch（*Sitta leucopsis*）

白脸䴓隶属于雀形目䴓科。体长约13厘米。前额、头顶至后枕黑色带金属光泽，眼先、头侧、颏和喉近白色，上体暗蓝色，胸腹棕黄色，胁和尾下覆羽栗红色。分布于阿富汗，印度，尼泊尔，巴基斯坦及中国的青海、甘肃、西藏、四川等地。典型的高山针叶林鸟，栖息地在海拔2000–3500米的高山针叶林和以针叶树为主的针阔叶混交林中。常在树干、树枝、岩石上觅食，取食昆虫、种子等。在树洞中筑巢，冬季有储存食物的习性。

309. 白尾鸸

White-tailed Nuthatch（*Sitta himalayensis*）

白尾鸸隶属于雀形目鸸科。雄鸟前额基线、眼先和眼后纹黑色，该纹路沿颈侧延伸至肩；眉纹近白色，不显著；上体、翅上覆羽和内侧飞羽灰蓝色；初级飞羽及外侧次级飞羽暗褐色，羽缘与背同色；中央尾羽灰蓝色，基部约$\frac{2}{3}$处有1个明显白斑；外侧两对尾羽纯黑色；颏、喉和颊棕白色，颈侧及下体棕黄或浅皮黄色，腹部颜色较深。分布于不丹，印度，老挝，缅甸，尼泊尔，越南，中国西藏和云南。常在树干、树枝和岩石上觅食，主要以昆虫为食。在树洞中筑巢，冬季有储存食物习性。

310. 黄腹山雀

Yellow-bellied Tit（*Periparus venustulus*）

黄腹山雀隶属于雀形目山雀科。体长9–11厘米。雄鸟头和上背黑色，脸颊和后颈各具一白色块斑，在暗色的头部极为醒目；下背、腰亮蓝灰色；翅上覆羽黑褐色，中覆羽和大覆羽具黄白色端斑，在翅上形成两道翅斑；飞羽暗褐色，羽缘灰绿色；尾黑色，外侧一对尾羽大部白色；颏至上胸黑色，下胸至尾下覆羽黄色。雌鸟上体灰绿色，颏、喉、颊和耳羽灰白色，其余下体淡黄绿色。分布于中国甘肃西南部、陕西南部秦岭太白山、四川西北部、云南及部分东部地区。主要以昆虫为食。营巢于天然树洞中，巢呈杯状。

311. 杂色山雀（***castaneoventris*** 亚种）

Varied Tit（*Poecile varius castaneoventris*）

杂色山雀（*castaneoventris*亚种）隶属于雀形目山雀科。体长约12厘米。额、眼先及颊斑浅皮黄色至棕色，胸部及头顶暗黑色，头后具浅色顶纹，颈圈棕色，上体灰色，下体栗褐色，具皮黄色臀线。台湾地区特有种，分布于台湾本岛，为较少见的留鸟。栖息于中低海拔的阔叶林，常与其他种类混群。在林冠层取食，有贮藏坚果的习性。多由雌性筑巢，巢多筑在高达6米的树上、树桩的自然孔洞或地面，由苔藓和植物纤维筑成。

312. 丽色山雀

Elegant Tit（*Periparus elegans*）

丽色山雀隶属于雀形目山雀科。体长11.5–12厘米。额头、顶冠、后颈为黑色，颈部有淡黄色斑块；颊、耳羽及颈侧黄色；翼上覆羽黑色，且具有不规则白色条纹，飞羽与翼上覆羽相似；背部有淡绿色的大斑纹，臀部淡黄灰色；尾上覆羽黑色，尾羽黑色，尖端白色；颏、喉及上胸黑色，侧面形成围兜，腹部黄色；尾下覆羽颜色渐淡，变为白色。分布于菲律宾。以一些小型无脊椎动物和种子、水果等为食。多在天然树洞中放入一些苔藓为巢。

313. 冕雀

Sultan Tit（*Melanochlora sultanea*）

冕雀隶属于雀形目山雀科。体长20–21厘米。雄鸟冠羽较长，黄色且蓬松；上体包括初级飞羽和次级飞羽有绿蓝色光泽，特别是翕可见黑色间隔；尾部尾羽和飞羽黑色，眼先、脸颊和耳羽黑色，喉和胸部有黑色光泽，腹部以下黄色。雌鸟似雄鸟，但喉及胸深橄榄黄色，上体沾橄榄色。分布于孟加拉国、不丹、中国、印度、印度尼西亚、老挝、马来西亚、缅甸、尼泊尔、泰国和越南。混群栖于原始林及次生林的林冠层。以大型昆虫为食，集小群活动。营巢于天然树洞或树的裂缝中，巢呈杯状，内衬苔藓、草叶等。每巢产5–7枚卵，卵白色并被有灰棕色斑点。

314. 黄颊山雀

Yellow-cheeked Tit（*Machlolophus spilonotus*）

黄颊山雀隶属于雀形目山雀科。体长12-14厘米。头顶和羽冠黑色，前额、眼先、头侧和枕鲜黄色，眼后有一黑纹。上背黄绿色、羽缘黑色，下背绿灰色（西藏亚种）；或上背黑色而具蓝灰色轴纹，下背蓝灰色（华南亚种）。颏、喉、胸黑色并沿腹中部延伸至尾下覆羽，形成一条宽阔的黑色纵带，纵带两侧为黄绿色（西藏亚种）或蓝灰色（华南亚种）。常见于中国西藏南部及云南极西部（指名亚种）和南方省份（华南亚种）的开阔林，高可至海拔2400米。主要以昆虫和昆虫幼虫为食。营巢于树洞中。

315. 眼纹黄山雀

Himalayan Black-lored Tit（*Machlolophus xanthogenys* ）

眼纹黄山雀隶属于雀形目山雀科。体长约14厘米。背冠羽黑色而尖端黄色，脸颊黄色，贯眼纹黑色，顶冠、喉部亦黑色。甚似黄颊山雀，但黑色过眼纹延至嘴基及前额，区别于黄颊山雀。国外留鸟分布于巴基斯坦沿喜马拉雅山脉至尼泊尔东部，国内首次记录于西藏聂拉木（聂拉木镇、樟木镇）。常成对或成小群活动，以小型无脊椎动物或其幼虫为食。营巢于树洞中，主要由苔藓、草茎、草叶、松针、纤维等材料构成，内垫以兽毛、花、棉花等。每窝产卵3–7枚。

316. 印度眼纹黄山雀

Indian Black-lored Tit（*Machlolophus aplonotus*）

印度眼纹黄山雀隶属于雀形目山雀科。体长约14厘米。似眼纹黄山雀，喉部亦黑色，有黑色纵向胸纹，但黑色的贯眼纹超出眼并向上延伸与黑色冠羽连接，覆羽呈较暗的橄榄绿色，飞羽有白色的羽缘，脸颊黄色，颈部至下部渐暗。雌性脸颊淡黄色，下部和喉部灰橄榄色，黑色胸纹较窄。仅分布于印度次大陆，栖息于海拔600–1830米间。常成对或成小群活动，以小型无脊椎动物或其幼虫为食。营巢于树洞中，主要由苔藓、草茎、草叶、松针、纤维等材料构成，内垫以兽毛、花、棉花、碎片等。

317. 苍背山雀

Cinereous Tit（*Parus cinereus*）

苍背山雀隶属于雀形目山雀科。体长约13厘米。肩、背部及背覆羽中灰色，下体呈单调的中灰色，腋部深灰色。雄鸟中央黑纹较宽；雌鸟黑纹较窄且略微暗淡，过腿基而未达到尾下覆羽。国内分布于海南岛、藏南、台湾外海岛屿以及华南某些地区，可能也有未知的分布。栖息于低山和山麓地带的次生阔叶林、阔叶林和针阔叶混交林中，也出入于人工林和针叶林。性较活泼而大胆，不甚畏人。主要以昆虫及其幼虫为食，也吃少量蜘蛛、蜗牛、草籽、花等。树洞营巢，巢呈杯状。

318. 远东山雀

Japanese Tit（*Parus minor*）

远东山雀隶属于雀形目山雀科。体长约13–14厘米。雄鸟前额、眼先、头顶、枕和后颈上部辉蓝黑色，眼以下整个脸颊、耳羽和颈侧围成三角形白斑；后颈上部黑色，沿白斑向左、右颈侧延伸形成一条黑带，与颏、喉和前胸的黑色相连；上背和两肩黄绿色，上背的黄绿色和后颈的黑色之间有一细窄的白色横带；下背至尾上覆羽、中央尾羽蓝灰色，羽干黑色。雌鸟羽色稍较暗淡。分布于中国、中亚、西伯利亚、朝鲜等地。栖息于低山和山麓地带的次生阔叶林，食虫。通常营巢于天然树洞中，巢呈杯状。

319. 绿背山雀

Green-backed Tit（*Parus monticolus*）

绿背山雀隶属于雀形目山雀科。体长约13厘米。似腹部黄色的大山雀亚种，但区别在于上背绿色且具有两道白色翼纹。雌雄羽色相似，额、眼先、头顶、枕至后颈黑色具蓝色光泽，眼下、面颊、耳羽和颈侧围成三角形白斑。尾上覆羽暗灰蓝色，尾黑褐色。颏、喉和前胸黑色微具蓝色、金色光泽，其余下体辉黄色，两胁辉黄沾绿色，腹部中央有一宽的黑色纵带。分布于巴基斯坦，尼泊尔，孟加拉国，印度，缅甸和中国云贵川、西藏、陕西、甘肃等地。栖息在海拔1200–3000米的森林。营巢于天然树洞中，巢呈杯状。

320. 褐冠山雀

Grey-crested Tit（*Lophophanes dichrous*）

褐冠山雀隶属于雀形目山雀科。体长约12厘米。褐冠山雀雌雄羽色相似。前额、眼先和耳覆羽皮黄色并杂有灰褐色，头顶至后颈以及背、肩、腰等上体概为褐灰色和暗灰色，翅上覆羽同背；飞羽褐色，初级飞羽除最外侧两枚外，羽缘均微缀蓝灰色，其余飞羽羽缘微缀灰棕色。颏、喉、胸至尾下覆羽等整个下体淡棕色，颈侧棕白色，向后颈延伸形成半领环状。分布于不丹，中国，印度，缅甸，尼泊尔。常见于海拔2480–4000米的针叶林。食虫。营巢于天然树洞或缝隙中，巢由苔藓构成，内垫树皮、纤维和羽毛。

321. 棕枕山雀

Rufous-naped Tit（*Periparus rufonuchalis*）

棕枕山雀隶属于雀形目山雀科。体长约13厘米。通体深色且具冠羽。黑色胸兜长及上腹部，下腹部灰色，尾下覆羽棕色，飞羽黑色，眼下白色颊斑醒目，有狭窄的白色项斑。黑色围兜较大，飞羽近黑。幼鸟色暗。分布于中亚、喜马拉雅山脉西段、中国西北。罕见于新疆西部西天山及喀什海拔2900–3500米的针叶林及桧林灌丛，在西藏南部也有分布。主要以昆虫及其幼虫为食，也吃蜘蛛、蜗牛、浆果、橡子等，能用石块使坚果裂开。营巢于天然树洞或缝隙中。

322. 黑冠山雀

Rufous-vented Tit（*Periparus rubidiventris*）

黑冠山雀隶属于雀形目山雀科。体长约12厘米。特征为冠羽及胸兜黑色，脸颊白，上体灰色，无翼斑，下体灰色，臀棕色。与棕枕山雀的区别在黑色的胸兜较小，飞羽灰色。幼鸟色暗且羽冠较短。国内分布于陕西、甘肃、青海、新疆、四川、云南、西藏；国外分布于阿富汗、巴基斯坦、尼泊尔、不丹、印度、孟加拉国、缅甸等地。栖息于海拔2000米以上的高山林区，常活动于高山针叶林、竹林或杜鹃等灌丛间。主要以昆虫及其幼虫为食，也吃蜘蛛、蜗牛、浆果、橡子等。营巢于天然树洞中，每窝产卵4–7枚。

323. 点翅山雀

Spot-winged Tit（*Periparus melanolophus*）

点翅山雀隶属于雀形目山雀科。体长约11–12厘米。有黑色冠羽、胸兜及白色颈斑。颊和耳覆羽纯白色，下胸腹蓝灰色，尾下覆羽淡棕黄色，尾暗褐灰色，所有尾羽端部白色，翼上覆羽灰黑色，大小覆羽白色外缘形成两道翅斑，小翼羽和初级覆羽黑色，飞羽暗褐黑色，上胸部两侧呈明亮的红褐色。分布于阿富汗、巴基斯坦西北部和喜马拉雅山南侧尼泊尔等地。栖息于山地和针叶林中，非繁殖季节也在橡树、柳和榛子林园中出没。以小型无脊椎动物幼虫及种子、浆果为食。营巢于天然树洞或缝隙中。

324. 火冠雀

Fire-capped Tit（*Cephalopyrus flammiceps*）

火冠雀隶属于雀形目山雀科。体长10–11厘米。雄鸟前额及喉中心棕色，喉侧及胸黄色，上体橄榄色，翼斑黄色。雌鸟暗黄橄榄色，下体皮黄，翼斑黄色，过眼纹色浅。分布于欧亚大陆，非洲北部，印度次大陆，中南半岛，中国的西南及东南沿海地区。栖息于高山针叶林或混交林，也活动于低山开阔的村庄附近。主要以昆虫为食，也吃植物的汁液。在树杈上或树洞里筑巢。

325. 地山雀

Ground Tit（*Pseudopodoces humilis*）

地山雀隶属于雀形目山雀科。体长19–20厘米。雌雄同型。前额浅黄色，头顶、颈侧及上体灰褐色，后颈灰白色，两颊及耳羽沙色，有黑色眼先，喉部及下体近白色，两翼深褐色，中央尾羽深褐色，两侧尾羽黄白色，嘴黑色，长且弯曲。曾被归类为褐背拟地鸦。分布于中国西南部及中部地区，也见于尼泊尔北部。栖息于高原草甸及多石地带。杂食性。有合作繁殖行为。筑巢于较深的地洞中，每窝产卵4–9枚。

326. 花彩雀莺

White-browed Tit Warbler（*Leptopoecile sophiae* ）

花彩雀莺隶属于雀形目长尾山雀科。体小，体长约10厘米。通体偏紫色，顶冠棕色，眉纹白。雄鸟胸及腰紫罗兰色，尾蓝色，眼罩黑色。雌鸟色较淡，上体黄绿，腰部蓝色甚少，下体近白。分布于中亚、喜马拉雅山脉、中国西部，为罕见的留鸟。栖于矮小灌丛，夏季于林线以上至海拔4600米，冬季下至海拔2000米。繁殖期外结群生活。飞行能力弱，常下至地面。以昆虫为食。两性共同筑巢，巢为椭圆球形，每窝产卵4–8枚。

327. 侏长尾山雀

Pygmy Bushtit（*Psaltria exilis*）

侏长尾山雀隶属于雀形目长尾山雀科。体长约8.5–8.7厘米。嘴短粗，基部较宽；头为单调的灰褐色，前额略带肉桂色；上体中灰褐色；臀部灰色，尾暗灰棕色；颏、喉淡灰色，腹部淡红色或浅黄色。为印度尼西亚特有，只分布于爪哇岛。栖息于海拔1000米左右的山地森林和种植园，偶尔低至830米，常见于针叶林和其他森林边缘。主要以昆虫，包括蚜虫、毛虫、小蜘蛛为食。巢悬挂呈袋状，以树叶和草编织而成，内衬苔藓，一般离地面3–5米，每窝产卵2–3枚。

328. 红头长尾山雀（*concinnus* 亚种）

Black-throated Bushtit（*Aegithalos concinnus concinnus*）

红头长尾山雀（*concinnus*亚种）隶属于雀形目长尾山雀科。体长约10厘米。雌雄羽色相似。该亚种的额、头顶和后颈栗红色，眼先、头侧和颈侧黑色，其余上体暗蓝灰色；腰部羽端浅棕色，飞羽黑褐色；尾长，呈凸状，尾黑褐色，中央尾羽微沾蓝灰色，外侧尾羽具楔形白斑。颏、喉白色、喉中部具黑色块斑，胸腹白色或淡棕黄色，胸腹白色者具栗色胸带且两胁栗色。分布于中国，印度，老挝，缅甸，尼泊尔，巴基斯坦等国家。栖息于山地森林和灌木林间。主要以昆虫为食。营巢在柏树上，巢为椭圆形。

329. 红头长尾山雀（*iredalei* 亚种）

Black-throated Bushtit（*Aegithalos concinnus iredalei*）

红头长尾山雀（*iredalei*亚种）隶属于雀形目长尾山雀科。体长约10厘米。雌雄羽色相似，但因亚种不同而略有变化。该亚种和*concinnus*亚种相似，但具白色眉纹，眉纹以下、眼先、眼周和耳羽黑色。颏和颚纹白色，喉有一黑斑，其余下体淡棕黄色。胸部有一淡色横带，位于黑色喉部和淡棕黄色胸部之间。虹膜橘黄色，嘴蓝黑色，脚棕褐色。该亚种主要分布于西藏喜马拉雅山地区。主要栖息于山地森林和灌木林间，也见于果园、茶园等人类居住地附近的小林内。以鞘翅目和鳞翅目等昆虫为食。巢为椭圆形。

330. 白颊长尾山雀

White-cheeked Tit（*Aegithalos leucogenys*）

白颊长尾山雀隶属于雀形目长尾山雀科。体长约11厘米，典型的长尾山雀体型。具白色的脸颊和黑色的眼罩。额部至顶冠中央肉桂褐色，颈后橄榄棕色，耳羽灰褐色，与背羽无明显界限，覆羽淡灰橄榄色；飞羽和尾基暗褐色，两外侧尾羽宽白色；颏和喉黑色，上胸呈单调的浅灰色，下胸和腹部赭色，侧面胁下淡红色或浅黄色；嘴黑色，短小。分布于阿富汗东北部、巴基斯坦等地。喜开阔干燥的灌木林、冬青栎、杜松和松树。食昆虫和蜘蛛。巢直立，椭圆球形。

331. 白喉长尾山雀

White-throated Bushtit（*Aegithalos niveogularis*）

白喉长尾山雀隶属于雀形目长尾山雀科。具有较宽的白色带状前额，延伸至头顶中部渐变为棕褐色，直到颈部；有黑色的侧冠纹；耳羽黑褐色；上体淡灰色至中灰色；大覆羽和飞羽暗灰棕色，边缘浅灰色；尾羽黑灰褐色，羽缘灰色；颏、喉淡灰白色，并向颈侧延伸；下体米色或淡粉红褐色。分布于印度次大陆及中国的西南地区。主食昆虫，尤其是昆虫的幼虫和蛹，也吃蜘蛛或花蕾。栖息于牧草灌木层。常集群20只左右，也与其他类群混群。巢椭圆形或梨形，用苔藓、蛛丝和密集的羽毛制成。

332. 棕额长尾山雀

Rufous-fronted Bushtit（*Aegithalos iouschistos*）

棕额长尾山雀隶属于雀形目长尾山雀科。体长约11厘米。成鸟头侧黑色，顶纹、髭纹、耳羽及颈侧棕褐色，背、两翼及尾全灰色；下体黄棕色；胸兜银灰色，略具黑色纵纹，且具黑色倒“V”字形斑。幼鸟色浅，且不具“V”字形的胸兜。虹膜黄色；嘴黑色；脚褐色。分布于喜马拉雅山脉东段及缅甸。常见于西藏东南部喜马拉雅山脉东部的山地阔叶林及针叶林，高可至海拔3600米。常结群取食于小树和林下植被层。巢用苔藓、地衣、树皮、羽毛等筑成，呈卵圆形。

333. 银喉长尾山雀

Silver-throated Bushtit（*Aegithalos glaucogularis*）

银喉长尾山雀隶属于雀形目长尾山雀科。体长10–12厘米，尾长等于或大于体长的一半。头顶黑色具浅色纵纹，头和颈侧呈葡萄棕色，背灰或黑色，翅黑色并具白边，下体淡葡萄红色，部分喉部具银灰色斑，尾较长，呈凸尾状。行动敏捷，常在树冠间或灌丛顶部跳跃，生活在欧亚大陆各种环境的树林中，群居或与其他雀类混居，以昆虫及植物种子等为食。分布广泛，在我国除西藏等少部分区域没有分布，其他地区都较为常见，冬季南迁。巢用苔藓、地衣、树皮、羽毛等筑成，呈卵圆形。

334. 中华攀雀

Chinese Penduline Tit（*Remiz consobrinus*）

中华攀雀隶属于雀形目攀雀科。体长约11厘米。雄鸟顶冠灰色，脸罩黑色，背棕色，腹部橙黄色夹杂白色绒羽，尾凹形。分布于俄罗斯极东部及中国东北；迁徙至日本、朝鲜和中国东部。栖息于高山针叶林或混交林间，也活动于低山开阔的村庄附近，冬季见于平原地区，高可至海拔3000米的丘陵及山区森林和林缘。筑巢时有很高的攀缘技巧，在藤枝上不断“翻单杠”缠绕，两根树枝间丝丝缕缕的纤维慢慢成为一条“钢索”，巢织成后就像一个小箩筐。

世界博物学经典图谱

亚洲鸟类

（下）

[英] 约翰·古尔德 著
John Gould

宋刚 贺鹏 张瑞莹 李思琪 赵敏 编

中国青年出版社

雀形目(续)

PASSERIFORMES

335. 黑枕黄鹂（*chinensis* 亚种）

Black-naped Oriole（*Oriolus chinensis chinensis*）

黑枕黄鹂（*chinensis*亚种）隶属于雀形目黄鹂科。体长23–27厘米，属于中型雀类。通体金黄色，两翅和尾黑色，飞羽尖端黄色。头枕部有一宽阔的黑色带斑，并向两侧延伸和黑色贯眼纹相连，形成一条围绕头顶的黑带，在金黄色的头部甚为醒目。分布于俄罗斯、朝鲜、印度、尼泊尔、缅甸、泰国、老挝、越南等地。树栖鸟，极少在地面活动，喜集群，常成对在树丛中穿梭。主要以一些昆虫及其幼虫为食，也吃植物果实和种子。通常营巢在阔叶林内的高大乔木上。

336. 黑枕黄鹂（***broderipi*** 亚种）

Black-naped Oriole（*Oriolus chinensis broderipi*）

黑枕黄鹂（*broderipi*亚种）隶属于雀形目黄鹂科。该亚种雄鸟通体黄色几近橙色，其余特征与*chinensis*亚种相似；雌鸟和雄鸟羽色大致相近，但色彩不及雄鸟鲜亮，背面呈黄绿色。分布于小巽他群岛（龙目岛、松巴哇岛、科莫多岛、林卡岛、松巴岛、弗洛勒斯岛、伯沙岛、龙布陵岛、潘塔尔岛、阿洛岛）。主要栖息于低山丘陵和山脚平原地带的天然次生阔叶林、混交林。树栖鸟，极少在地面活动，喜集群，常成对在树丛中穿梭。主要以一些昆虫及其幼虫为食，也吃植物果实和种子。通常营巢在阔叶林内的高大乔木上。

337. 朱鹂（*traillii* 亚种）

Maroon Oriole（*Oriolus traillii traillii*）

朱鹂（*traillii*亚种）隶属于雀形目黄鹂科。体长约26厘米，属于中等体型。整体颜色为黑色及绛紫红色，眼色浅。雄鸟绛紫红色，头、上胸及翼黑色；雌鸟上背及背部深灰色，尾覆羽及尾绛紫红色，腹部及下胸白色且密布黑色纵纹。分布于中国西南部、台湾地区、海南岛，喜马拉雅山脉及中南半岛。大多栖息于海拔600–4000米的丘陵和山区森林中的落叶林、混交林及常绿林。杂食性，主要以昆虫、浆果、果实为食。其巢位于树枝上，离地面约10米。

338. 朱鹂（***ardens*** 亚种）

Maroon Oriole（*Oriolus traillii ardens*）

朱鹂（*ardens*亚种）隶属于雀形目黄鹂科。体长约26厘米，属于中等体型。该亚种的特色是雄鸟为鲜艳的朱红色，头、喉部、翅膀为黑色，具有特别艳丽不同于其他亚种的褐红色；雌鸟腹部粘白色，具有纵斑。仅分布于中国台湾地区。栖息于海拔1000米以下的丘陵或山地。杂食性，主要以昆虫、浆果为食。繁殖期约为每年的4–5月。筑巢于较高的树枝上。

339. 凤头雀嘴鹎

Crested Finchbill（*Spizixos canifrons*）

凤头雀嘴鹎隶属于雀形目鹎科。体长约22厘米。体色为独具一格的橄榄绿色，嘴象牙色，短而厚与雀类的嘴相似。具有引人注目的羽冠，下体绿黄色，额及脸颊灰色，尾具宽阔的黑色端带。虹膜褐色，嘴象牙色，脚粉红。分布于印度东北部，缅甸，中南半岛北部，中国西南包括西藏东南部。单独或结小群栖于开阔林地、林间空地、灌丛及林园，高可至海拔3000米。

340. 领雀嘴鹎

Collared Finchbill（*Spizixos semitorques*）

领雀嘴鹎隶属于雀形目鹎科。体长约23厘米。上体偏橄榄绿色，下体暖黄绿色，耳羽的白色细纹与颈部的白色羽毛相连而形成白色的领圈。厚重的嘴象牙色，具短羽冠，头及喉偏黑，颈背灰色，尾绿而尾端黑。虹膜褐色，嘴浅黄，脚偏粉色。分布于中国南方及中南半岛北部，是我国特有鸟类。常见于华南、东南和台湾地区，多在海拔400–1400米的丘陵中的次生植被及灌丛中活动。繁殖期5–7月，通常营巢于溪边或路边小树侧枝梢处，每窝产卵3–4枚。叫声为悦耳响亮的哨音。

341. 白头鹎

Light-vented Bulbul（*Pycnonotus sinensis*）

白头鹎隶属于雀形目鹎科。体长约19厘米，属中等体型。上体呈橄榄绿色，眼后一白色宽纹延伸至颈背，黑色的头顶略具羽冠，腹部灰白色夹杂黄色纵纹，尾下覆羽白色。分布于中国南方、海南岛、台湾地区，越南北部及琉球群岛。近年来其分布范围逐渐向北扩张。是常见的群栖性鸟类，栖于林缘、灌丛、红树林，在城市的公园及林地良好的生境中经常聚群活动。营巢于灌木、阔叶树、竹林或针叶树上，每窝产卵3–5枚。性活泼，不甚畏人，鸣声响亮。

342. 黑短脚鹎

Black Bulbul（*Hypsipetes leucocephalus*）

黑短脚鹎隶属于雀形目鹎科。体长约20厘米。通体黑色，部分亚种头部白色。尾略分叉，嘴、脚及眼亮红色。虹膜褐色，嘴和脚红色。分布于印度，中国南方包括台湾岛和海南岛，缅甸，中南半岛。存在较多的地理亚种分化。食果实及昆虫，有季节性迁移。冬季于中国南方可见到数百只的大群。叫声甚多变，包括响亮的尖叫、吱吱声及刺耳哨音，也常有带鼻音的咪叫声。

343. 蓝翅叶鹎

Blue-winged Leafbird（*Chloropsis cochinchinensis*）

蓝翅叶鹎隶属于雀形目叶鹎科。体长约17厘米，是一种亮绿色的热带森林鸟类。通体绿色，胸缀有黄色，尾蓝绿色，肩和翅亮蓝色。雄鸟黑色喉块外有一黄色圈，雄雌两性均具紫蓝色的颊纹。虹膜深褐色，嘴黑色，脚蓝灰。分布于印度至中国西南、东南亚、马来半岛及大巽他群岛。栖于林地、原始林及高大次生林，常留于较大树木的顶层。单独、成对或结小群活动，常与其他种类混群。主要以昆虫为食，也吃部分植物果实、种子和花等植物性食物。叫声清晰悦耳甜美。

344. 橙腹叶鹎
Orange-bellied Leafbird（*Chloropsis hardwickii*）

橙腹叶鹎隶属于雀形目叶鹎科。体型略大，体长约20厘米。通体色彩鲜艳。雄鸟上体绿色，下体浓橘黄色，两翼及尾蓝色，脸罩及胸兜黑色，髭纹蓝色；雌鸟不似雄鸟显眼，体多绿色，髭纹蓝色，腹中央具一道狭窄的赭石色条带。虹膜褐色，嘴黑色，脚灰色。分布于喜马拉雅山脉、东南亚及中国南方。是中国最常见、分布最广泛的叶鹎，见于丘陵及山区森林。个性活跃，以昆虫为食，栖于森林各层。叫声清亮，常模仿其他鸟的叫声。

345. 金额叶鹎（*aurifrons* 亚种）

Golden-fronted Leafbird（*Chloropsis aurifrons aurifrons*）

金额叶鹎（*aurifrons*亚种）隶属于雀形目叶鹎科。体长约19厘米，属中等体型。通体艳绿色，具黑色的脸罩和蓝色的髭纹，翼有亮蓝色肩斑。雄鸟额橘黄，雌鸟体色较雄鸟略暗。虹膜深褐色，嘴及脚近黑。分布于印度至中国西南、东南亚及苏门答腊岛。在森林上、中层沿枝条有条不紊地找寻昆虫。常加入混合鸟群。鸣声悦耳，可发出如流水般升降有致的颤鸣，也有许多粗哑哨音及模仿其他鸟的叫声。

346. 金额叶鹎（*insularis* 亚种）

Golden-fronted Leafbird（*Chloropsis aurifrons insularis*）

金额叶鹎（*insularis*亚种）隶属于雀形目叶鹎科。雄鸟前额的橙色较浓，眼先、颏及喉部黑色具有金属光泽，具有蓝色髭纹，身体、翅、尾草绿色；雌鸟喉部绿色沾蓝，前额及颈侧沾黄。分布于印度西南部和斯里兰卡，古尔德画中的个体来自印度的西南部海岸（Malabar Coast）。主要在阔叶林和混交林的林冠和林缘活动，有时也可见于次生林和森林公园。

347. 杰尔登叶鹎

Jerdon’s Leafbird（*Chloropsis jerdoni*）

杰尔登叶鹎隶属于雀形目叶鹎科。体长16–18厘米。雄鸟眼先至喉具黑色面罩，具金属光泽的蓝色髭纹长而醒目，头顶及颈黄绿色，翼有亮蓝色肩斑；雌鸟与雄鸟相似，但无黑色面罩。虹膜褐色，嘴黑色，脚灰色。分布于印度南部至孟加拉西部以及斯里兰卡。主要在海拔1200米以下的平原及山坡中不同类型的林地活动，偏好于相对干燥的环境。食性范围较宽，包括昆虫、浆果，同时也采食花蜜。

348. 小绿叶鹎

Lesser Green Leafbird（*Chloropsis cyanopogon*）

小绿叶鹎隶属于雀形目叶鹎科。体长约15厘米。雄鸟前额亮黄绿色，黑色面罩至喉及上胸，髭纹蓝色，上体淡翠绿色，下体颜色稍淡；雌鸟无黑色面罩，髭纹蓝色稍淡。虹膜深褐，嘴黑色，足铅灰色。分布于缅甸、泰国、马来西亚半岛、婆罗洲、苏门答腊岛、印度尼西亚和文莱。一般栖息于海拔约1600米以下的开阔常绿阔叶林，在森林上、中层沿枝条找食昆虫。常加入混合鸟群。

349. 和平鸟（*puella* 亚种）

Asian Fairy-bluebird（*Irena puella puella*）

和平鸟（*puella*亚种）隶属于雀形目和平鸟科。体长21–26厘米。雄鸟头顶、颈背、背、翼上覆羽、腰、尾上覆羽及臀均为鲜亮的闪光蓝色，余部黑色；雌鸟头、翼上覆羽及中央尾羽铜绿色，腰部羽毛端部颜色较浅，尾羽末端和飞羽边缘蓝色偏暗。虹膜红色，喙褐色，足黑色。分布于印度次大陆，从印度西南至东北延伸至中国云南西部，向东分布至马来半岛和越南南部。

- 741 -

350. 和平鸟（***malayensis*** 亚种）

Asian Fairy-bluebird（*Irena puella malayensis*）

和平鸟（*malayensis*亚种）隶属于雀形目和平鸟科。体长约25厘米。雄鸟头顶、颈背、背、翼上覆羽、腰、尾上覆羽及臀均为鲜亮的闪光蓝色，余部黑色；雌鸟全身暗钴蓝绿色，腰及臀的色较鲜亮。虹膜红色，嘴及脚黑色。分布于印度至中国西南部、东南亚、巴拉望岛及大巽他群岛。见于西藏东南部近边境地区及云南南部的原始森林，高可至海拔1100米，是常见的低地留鸟。单独或结成小群活动。栖于高树顶，与其他鸟混群，飞行呈波状。叫声为响亮而拖长的如流水般的升调笛音，常在飞行时鸣叫。

351. 和平鸟（*crinigera* 亚种）
Asian Fairy-bluebird（*Irena puella crinigera*）

和平鸟（*crinigera*亚种）隶属于雀形目和平鸟科。体长21–26厘米，在各个亚种中体型最小。除尾羽端部外，尾上和尾下覆羽几乎全部覆盖了尾羽。分布于婆罗洲和印度尼西亚的苏门答腊岛、邦加岛、勿里洞岛。主要活动于岛屿上的山地森林中，在婆罗洲的次生林地中也较为常见，有时也出现在原始林砍伐过后的茶田和咖啡种植林。主要以水果为食，包括各种浆果和无花果，也食花蜜。

352. 蓝腹和平鸟（*cyanogastra* 亚种）

Philippine Fairy-bluebird（*Irena cyanogastra cyanogastra*）

蓝腹和平鸟（*cyanogastra*亚种）隶属于雀形目和平鸟科。体长约25厘米。雄鸟的前额、眼先、脸、颊部、颈侧、喉及前胸暗黑色，头顶至后颈蓝紫色具金属光泽，初级飞羽黑色，翼上覆羽、臀羽亮蓝色，背部、腹部羽毛深蓝色；雌鸟似雄鸟但羽色略黯淡。虹膜红色，嘴黑色，足黑色。分布于菲律宾诸岛屿。活动于高大树木的郁闭林冠层以及低处的常绿阔叶林，也在林缘地带活动。食物主要为水果，尤其是无花果。

353. 蓝腹和平鸟（***melanochlamys*** 亚种）

Philippine Fairy-bluebird（*Irena cyanogastra melanochlamys*）

蓝腹和平鸟（*melanochlamys*亚种）隶属于雀形目和平鸟科。体长23–27.5厘米，与其他亚种相比，体型稍小。雄鸟头顶至后枕的冠纹紫色，具有金属光泽，延伸至后颈；颈侧、后背、肩深紫黑色；腰羽暗紫色明显淡于尾上覆羽；飞羽黑色，末端淡紫色。雌鸟似雄鸟但羽色略黯淡。虹膜深红色，喙褐色，足黑色。分布于菲律宾南部的巴斯兰省。

354. 栗背奇鹛

Rufous-backed Sibia（*Heterophasia annectans*）

栗背奇鹛隶属于雀形目画眉科。体长约19厘米。头黑，喉及胸白，背及尾上覆羽棕色。黑色的尾长而凸，尾端白色。两翼黑，三级飞羽羽端及其他飞羽羽缘白色。两胁及尾下覆羽皮黄，颈背及上背黑而具白色纵纹。虹膜浅褐，嘴深色，下嘴基黄色，脚黄色。分布于尼泊尔东部至中国西南及东南亚。性活泼，栖于海拔600–1525米山地常绿森林及邻近灌丛的树冠层。告警时发出沙哑的“叽喳”叫声，鸣声为3到4声的哨音。

355. 黑头奇鹛

Dark-backed Sibia（*Heterophasia melanoleuca*）

黑头奇鹛隶属于雀形目画眉科。体长约24厘米，是一种具长尾的灰色鹛类。头、尾及两翼黑色，上背沾褐，顶冠有光泽。中央尾羽端灰而外侧尾羽端白。喉及下体中央部位白，两胁烟灰。虹膜褐色，嘴黑色，脚灰色。分布范围包括缅甸、中国西部及中部、泰国北部和中南半岛。常见于我国中南部及南部海拔1200米以上的山区森林。似松鼠，在苔藓和真菌覆盖的树枝上悄然移动，性甚隐秘且动作笨拙。叫声为五音节的鸣声，前三音节音调相同，后两音节调低。

356. 台湾斑胸钩嘴鹛

Black-necklaced Scimitar Babbler（*Pomatorhinus erythrocnemis*）

台湾斑胸钩嘴鹛隶属于雀形目画眉科。体型略大，约24厘米。脸颊棕色，胸部具黑色纵纹，两胁沾灰，头顶及颈背具深灰色纵纹，上背栗褐。虹膜黄至栗色，嘴灰至褐色，脚肉褐色。分布于中国台湾地区，栖息地包括亚热带或热带的湿润低地林、高海拔疏灌丛和湿润山地林，是典型的栖于灌丛鸟类。多食昆虫。叫声为雌雄双重唱，雄鸟发出响亮的两个音节的叫声后雌鸟立即以一个短促音节回应。

357. 剑嘴鹛

Slender-billed Scimitar Babbler（*Pomatorhinus superciliaris*）

剑嘴鹛隶属于雀形目画眉科。体长约20厘米，是体型略小的树皮褐色钩嘴鹛。特征为近黑色的嘴极细长而下弯。头青石灰色，狭窄的眉纹白色。上体深红褐，下体锈色略沾皮黄，喉偏白。虹膜灰至红色，嘴黑色，脚青石灰色。分布范围从喜马拉雅山脉东部至云南西部、缅甸北部及西部和越南北部。全球性近危，罕见。常见于海拔1000米以上。性喧闹、惧生而好动，成对或结小群活动。栖于峻峭多岩地山区的常绿林地面或近地面处，常在竹林。叫声为三音节的淌水般轻哨音及圆润的单高音噝声；鸣声为7至8个快速轻柔单音噝声；告警时作沙哑的吱叫声。

358. 赤脸薮鹛

Red-faced Liocichla（*Liocichla phoenicea*）

赤脸薮鹛隶属于雀形目画眉科。体长约23厘米。脸侧及初级飞羽绯红，体羽余部大致灰褐，头侧红色。方形的尾黑色，尾端橘黄。虹膜褐色，嘴深角质色，脚褐色。分布于喜马拉雅山脉东部至中国西南，缅甸北部、西部及东部，中南半岛北部。在我国罕见于云南西北部及东南部。分布海拔900–2200米，随季节作垂直迁移。性惧生，隐匿于常绿山地林、林缘及次生林的稠密林下植被中。叫声有响亮悦耳的2到4声的鸣声以及低声的颤鸣。

359. 丽色噪鹛

Red-winged Laughingthrush（*Trochalopteron formosum*）

丽色噪鹛隶属于雀形目画眉科。体型较大，约28厘米。翼及尾的边缘鲜红，自颏至上胸为黑色。头顶、耳羽灰色而具黑色纵纹，上背、背及胸褐色。虹膜褐色，嘴黑色，脚近黑。分布于我国中部至越南北部。野外较为罕见，栖息于茂密的常绿林、次生林及竹林的地面或近地面处。喜结小群，性胆怯。常成对或成数只的小群活动，多在林下灌丛间不停地穿梭和跳跃，也频繁地在林下地上活动和觅食。鸣声为响亮或甚尖细的哀怨哨音。

360. 黑顶噪鹛（*affine* 亚种）

Black-faced Laughingthrush（*Trochalopteron affine affine*）

黑顶噪鹛（*affine*亚种）隶属于雀形目画眉科。体长24–26厘米。雌雄羽色相似。前额、脸、颏、喉黑色，头顶黑褐沾棕或深棕橄榄褐色，背栗褐或棕褐色，具灰色羽缘，形成鳞片状。颧斑白色或棕红色，眼后缘和颈侧亦具白斑，飞羽金黄橄榄色而具蓝灰色尖端。下体淡棕褐色。虹膜褐色或深铬黄色，嘴黑褐色，脚棕褐色。分布于中国、尼泊尔、不丹等东喜马拉雅山地区以及印度阿萨姆邦、缅甸北部和越南北部。栖息于海拔900–3400米的山地阔叶林、针阔叶混交林、竹林、针叶林和林缘灌丛中。繁殖期间成对或单独活动外，其他季节多成小群。常在林下茂密的杜鹃灌丛或竹灌丛中活动和觅食，特别是在多岩石和苔藓的潮湿灌丛地区尤为常见，主要以昆虫和植物果实与种子为食。

361. 黑顶噪鹛（***blythii*** 亚种）

Black-faced Laughingthrush（*Trochalopteron affine blythii*）

黑顶噪鹛（*blythii*亚种）隶属于雀形目画眉科。体长约25厘米。该亚种与其他亚种的色型比较相似，但体型偏大，头部黑色更深，颈部两侧的褐色更浓。主要分布于青海、甘肃、四川等地，在部分地区种群数量较多，是西南山区较为常见的山地鸟类之一。繁殖期5–7月，通常繁殖于海拔1500–3400米的山地森林中。巢多置于林下或林缘灌丛中，距地1–2米。巢呈杯状，主要由苔藓、细枝、枯草茎等材料构成。每窝产卵2–3枚，卵蓝色、钝端，具少许粗著的紫黑色斑点。

362. 杂色噪鹛

Variegated Laughingthrush（*Trochalopteron variegatum*）

杂色噪鹛隶属于雀形目画眉科。体长约26厘米。脸部黑白色的图纹明显，翼上具多彩图纹。体羽大致灰褐，臀栗色。尾基黑色，尾端灰而具狭窄的白边。虹膜黄色，嘴黑色，脚黄色。分布于阿富汗东部、巴基斯坦西部、喜马拉雅山脉西部及西藏南部，在我国仅仅边缘性地分布于中国西藏极南部。罕见于海拔2500–3300米的沟壑深谷的开阔栎树林及混合林的林下密丛。叫声为响亮悦耳哨音，告警叫声为“叽喳”叫及尖叫。

363. 灰翅噪鹛

Moustached Laughingthrush（*Garrulax cineraceus*）

灰翅噪鹛隶属于雀形目画眉科。体长约22厘米，是一种体型相对较小的噪鹛。雌雄羽色相似。前额、头和后颈黑色，头顶至后颈暗灰色，眉纹淡栗色或橄榄棕色，眼先、颊和耳羽基部白色或灰白色沾棕。上体橄榄灰色，腰部沾棕色。初级覆羽黑色，初级飞羽的羽缘灰色，三级飞羽、次级飞羽及尾羽的羽端黑色而具白色的月牙形斑。虹膜乳白，嘴角质色，脚暗黄。分布于印度东北部及缅甸北部至中国华东、华中及东南，分布海拔范围200–2570米，但在海拔1800米以下较为常见。成对或结小群活动于次生灌丛及竹丛，有时也在村庄周边活动。叫声为多种悦耳的低声叫，告警叫声似鸫，鸣声响亮。

364. 纹耳噪鹛

Striped Laughingthrush（*Trochalopteron virgatum*）

纹耳噪鹛隶属于雀形目画眉科。体长约23厘米，体型小而修长。上体棕色，具白色条纹；脸、喉部、翅栗色夹杂白色纵纹；白色的眉纹自眼先至后枕部；臀、尾上覆羽及尾羽橄榄棕色。虹膜棕色或棕灰色，嘴黑色或黑褐色，脚肉色至浅粉。分布于印度和缅甸。栖息海拔范围900–2400米，活动于常绿阔叶林周边的浓密灌丛和次生林林缘地带。主要以昆虫为食，单独或成对活动，较少聚群。

- 771 -

365. 橙翅噪鹛

Elliot's Laughingthrush（*Trochalopteron elliotii*）

橙翅噪鹛隶属于雀形目画眉科。体长约26厘米。全身大致灰褐色，上背及胸羽具深色及偏白色羽缘而形成鳞状斑纹，脸色较深，臀及下腹部黄褐。初级飞羽基部的羽缘偏黄，羽端蓝灰而形成拢翼上的斑纹；尾羽灰而端白，羽外侧偏黄。虹膜浅乳白色，嘴褐色，脚褐色。分布范围由中国中部至西藏东南部及印度东北部；在我国分布于大巴山、秦岭及岷山往南至四川西部、西藏东南部及云南西北部，甘肃北部祁连山区南至青海东部。常见于海拔1200–4800米所有森林类型的林下植被中。结小群于开阔次生林的林下植被及灌丛、竹丛中取食。叫声为悠远的双音节和三音节叫声及群鸟的“吱吱”叫声。

366. 银耳噪鹛

Silver-eared Laughingthrush（*Trochalopteron melanostigma*）

银耳噪鹛隶属于雀形目画眉科。体长约26厘米，是一种具有银色耳羽的杂色噪鹛。顶冠和后枕栗色，上体暗灰，翼上覆羽栗棕色，初级飞羽覆羽黑色，飞羽和尾羽橄榄灰至黄色，贯眼纹和耳羽银灰色夹杂有酱紫色细纹。虹膜灰色至灰褐色，嘴暗棕色，脚肉色至浅粉色。分布于缅甸、老挝、泰国、越南至中国云南西南端。生活于海拔1000–2500米的阔叶林、混交林以及次生林的灌丛和竹林中。鸣声响亮婉转，叫声低沉嘶哑。

367. 眼纹噪鹛（*ocellatus* 亚种）

Spotted Laughingthrush（*Garrulax ocellatus ocellatus*）

眼纹噪鹛（*ocellatus*亚种）隶属于雀形目画眉科。体长30–34厘米，是一种体型较大的噪鹛。头、颈黑色，脸、眉纹和颏茶黄色，上体棕褐色满杂以白色、黑色和皮黄色斑点，飞羽具白色端斑，尾具白色端斑和黑色亚端斑，喉黑色，胸棕黄色具黑色横斑。虹膜黄色或黄褐色；嘴黑褐色，下嘴基部黄色；脚黄色。分布于印度北部和尼泊尔西部。见于海拔1100–3100米的多林山区。成对或结小群于腐叶间找食，有时与其他噪鹛混群。鸣声为清晰嘹亮的哨音，示警时尖叫。

368. 眼纹噪鹛（*artemisia* 亚种）

Spotted Laughingthrush（*Garrulax ocellatus artemisia*）

眼纹噪鹛（*artemisia*亚种）隶属于雀形目画眉科。体长约31厘米。顶冠、颈背及喉黑色；上体及胸侧具粗重点斑；眼先、眼下及颏浅皮黄色，与黑色的头成对比；上体褐色；各羽的次端黑而端白，形成月牙形点斑；翼羽羽端白色，形成明显的翼斑；尾端白色。虹膜黄色，嘴角质色，脚粉红。该亚种主要分布于湖北的神农架、甘肃南部边陲、四川中部山区至云南东北部。主要栖息于海拔1400–3100米的杂木林、亚热带常绿阔叶林和针阔叶混交林等茂密的山地森林中，也栖息于林缘和耕地旁边的灌丛与竹丛内。常成对或成小群活动，多在林下灌木间或地上活动和觅食。

369. 斑背噪鹛

Barred Laughingthrush（*Garrulax lunulatus*）

斑背噪鹛隶属于雀形目画眉科。体长约23厘米，是一种体型略小的暖褐色噪鹛。具明显的白色眼斑，背部及两胁具醒目的黑色及草黄色鳞状斑纹，初级飞羽及外侧尾羽的羽缘灰色。尾端白色，具黑色的次端横斑。虹膜深灰，嘴绿黄，脚肉色。是中国特有鸟类，仅分布于我国甘肃南部，陕西南部，四川东北部、北部、西部、中部和西南部。栖息于海拔1200–3660米的针叶林、针阔叶混交林、亚热带常绿阔叶林和竹林中，也出入于疏林林缘灌丛、次生林和地边灌丛中。主要以昆虫和植物果实、种子为食。常成对或单独活动，较少成群，多在林下灌丛和地上活动。活动时频频鸣叫，鸣声响亮、单调。

370. 褐顶噪鹛

Brown-capped Laughingthrush（*Trochalopteron austeni*）

褐顶噪鹛隶属于雀形目画眉科。体长约24厘米。头顶至后枕部栗褐色夹杂皮黄色纵纹，上体暖棕色，翼上覆羽的末端具白斑，栗色的中央尾羽也具有白色的羽端，胸、腹部至两胁暖棕色且具有较粗的白色鳞状斑纹。虹膜棕色至棕灰色，嘴黑色，脚肉色。分布于印度及缅甸西部。栖息于海拔范围1800–3000米的常绿阔叶林、次生林以及浓密的竹林。食物包括昆虫和种子。鸣声为一串轻快响亮的重复音节，叫声低沉嘶哑。

371. 灰胸噪鹛

Wynaad Laughingthrush（*Garrulax delesserti*）

灰胸噪鹛隶属于雀形目画眉科。体长23–26厘米。头顶暗灰色，肩部、背部、翼上覆羽及三级飞羽暗栗棕色，初级飞羽暗橄榄灰色，尾上覆羽褐色，尾棕黑色，脸罩黑色有光泽，喉部、胸苍灰色，腹部橙褐色。虹膜红色至红褐色；嘴上喙深褐色，下喙肉粉色；脚肉粉色。分布于印度西南地区，为印度的特有种。栖息于海拔155–1220米的常绿阔叶林。主要以昆虫为食，也吃浆果和种子。鸣声起伏婉转，叫声为短促刺耳的金属音。

372. 棕臀噪鹛

Rufous-vented Laughingthrush（*Garrulax gularis*）

棕臀噪鹛隶属于雀形目画眉科。体长约23厘米。背部褐色，下体黄色，眼罩黑色，顶冠、颈背及胸侧灰色，下腹、尾下覆羽及尾羽羽缘棕色。虹膜红褐色，嘴黑色，脚橘黄色。分布于不丹东部、印度阿萨姆邦东北部至缅甸北部、老挝北部及中部。在中国尚无记录，但可能出现于西藏东南部高可至海拔1220米的地带。地方性常见于紧邻的印度阿萨姆邦常绿林及灌丛。结大群生活，但因惧生而深藏不露，故极难见到。于地面取食。叫声为响亮甜美的哨音，“叽喳”声及“咯咯”的群鸟“大笑”声。

373. 台湾白喉噪鹛

Rufous-crowned Laughingthrush（*Garrulax ruficeps*）

台湾白喉噪鹛隶属于雀形目画眉科。体长约28厘米。整个头顶及颈背全棕色。喉及上胸白色为其辨识特征。腰和尾上覆羽缀有棕色，有时在腰部形成一道不甚明显的棕色横带；尾羽橄榄褐色，凸尾状，外侧四对尾羽羽端白色；下体具灰褐色胸带，腹部棕色。虹膜偏灰或褐色，嘴深角质色，脚偏灰。分布于中国台湾地区，甚常见于台湾地区海拔850–1800米的原始阔叶林及桧树林。性吵嚷，结小至大群栖于森林树冠层或浓密的棘丛中。

374. 台湾棕噪鹛

Rusty Laughingthrush（*Garrulax poecilorhynchus*）

台湾棕噪鹛隶属于雀形目画眉科。体长约28厘米。眼周蓝色裸露皮肤明显，头、胸、背、两翼及尾橄榄栗褐色，顶冠略具黑色的鳞状斑纹，腹部及初级飞羽羽缘灰色，臀白色。虹膜褐色；嘴偏黄，嘴基蓝色；脚蓝灰色。分布于中国台湾地区，见于海拔600–2100米的较低山区。结小群栖于丘陵及山区原始阔叶林的林下植被及竹林层。惧生，不喜开阔地区。鸣声为响亮悦耳而多变的哨音，有时模仿其他鸟叫。

375. 黄喉噪鹛

Yellow-throated Laughingthrush（*Garrulax galbanus*）

黄喉噪鹛隶属于雀形目画眉科。体长约23厘米。顶冠蓝灰色，特征为具黑色的眼罩和鲜黄色的喉。上体褐色，尾端黑色而具白色边缘，腹部及尾下覆羽皮黄色并渐变成白色。虹膜红褐，嘴黑色，脚灰色。分布于印度阿萨姆邦东北部至缅甸掸邦。在中国东南部（江西婺源）及云南南部（云南思茅）有两独立群体，目前已经提升为一个独立的物种——靛冠噪鹛。隐匿于亚热带常绿林和浓密灌丛，于地面杂物中取食。叫声为细弱的“唧唧”叫声。

376. 黑领噪鹛

Greater Necklaced Laughingthrush（*Garrulax pectoralis*）

黑领噪鹛隶属于雀形目画眉科。体长约30厘米。上体、两翅和尾棕褐色；眼先白色沾棕；眉纹白色，宽阔而显著，一直延伸到颈侧；耳羽黑色而杂有白纹；后颈栗棕色，呈半环状；翅上初级覆羽暗灰褐色，飞羽黑褐色，中央一对尾羽全为棕褐色或橄榄棕色，外侧尾羽具黑褐色次端斑和棕色或棕黄色端斑；颏、喉白色沾棕；颧纹黑色，常往后延伸与黑色胸带相连，胸带有的在中部断裂；胸、腹棕白色或淡黄白色，两胁棕色或棕黄色，尾下覆羽棕色或淡黄色。虹膜栗色；上喙黑色，下喙灰色；脚蓝灰色。分布于喜马拉雅山脉东段、印度东北部，东至中国华中及华东，南至泰国西部、老挝北部及越南北部。栖于海拔200-1600米的多林山岭。习性吵嚷群栖，取食多在地面。与其他噪鹛混群。炫耀表演时并足跳动，头点动，两翼展开同时鸣叫。叫声似尖柔的群鸟联络叫声以及哀而下降的“笑声”与短哨音的响亮合唱。

377. 黑喉噪鹛

Black-throated Laughingthrush（*Garrulax chinensis*）

黑喉噪鹛隶属于雀形目画眉科。体长约23厘米。额基、眼先、眼周、颊、颏和喉为绒黑色，额基黑斑上面紧接一白斑，其后头顶至后颈灰蓝色，外眼后有一大块白斑。腹部及尾下覆羽橄榄灰。内陆型亚种的脸颊白色，但海南亚种颈后及颈侧棕褐色。初级飞羽羽缘色浅。虹膜红色，嘴黑色，脚黄或灰色。分布于中国南部及中南半岛。常见于云南西南部、东南部至广东及海南岛的低地森林，高可至海拔1200米。结小群栖于竹林密丛及半常绿林中的浓密灌丛。叫声为清晰而动听的似鸫鸣，及响亮的“咯咯”群鸟“笑声”。

378. 山噪鹛

Plain Laughingthrush（*Garrulax davidi*）

山噪鹛隶属于雀形目画眉科。体长约29厘米。上体及下体灰砂褐色或暗灰褐色，无显著花纹；具明显的浅色眉纹，颏近黑；嘴稍向下弯曲，鼻孔完全被须羽掩盖，嘴在鼻孔处的厚度与其宽度几乎相等。虹膜褐色；嘴亮黄色，嘴端偏绿；脚浅褐。是中国北方及华中的特有种，也是噪鹛属鸟类分布最北的一个种。分布范围从黑龙江西部到湖北，往西至青海东部，祁连山南部和阿尼玛卿山脉，以及四川的岷山及邛崃山。栖息于山地斜坡上的灌丛中，喜棘丛及灌丛。经常成对活动，善于地面刨食。鸣声为响亮而快速重复的一连串短促音，前有细弱的“嘶嘶”声，接较低弱声。

379. 锈额斑翅鹛

Rusty-fronted Barwing（*Actinodura egertoni*）

锈额斑翅鹛隶属于雀形目画眉科。体长约22.5厘米。尾长，翼及尾具黑色细小横斑，棕褐色的前顶冠有灰色细纹，胸偏红，下体、额栗色。上喙褐色，下喙色浅；脚粉褐。分布范围由尼泊尔至中国西南和缅甸西部及北部，我国见于西藏东南部雅鲁藏布江支流丹巴曲以西，密许米山的丹巴曲以东以及云南怒江以西地区。栖于山区常绿林的浓密灌丛。结吵嚷小群，有时与噪鹛混群。叫声为不停地“吱吱”弱叫；鸣声为响亮偏高的三音节哨音，重音在第一声，最末声较低。

380. 纹头斑翅鹛

Hoary-throated Barwing（*Actinodura nipalensis*）

纹头斑翅鹛隶属于雀形目画眉科。体长约21厘米。通体深褐色，两翼及长尾具黑色细小横斑。带羽冠的头部多具皮黄色细纵纹。头侧灰色，眼圈狭窄而偏白，髭纹黑色。尾具黑色的端带。下体浅褐灰，至腹部成红棕色。虹膜褐色，嘴深褐，脚粉褐。分布范围从尼泊尔至阿萨姆西北部及中国西藏南部。在我国见于西藏南部（波密）海拔2300–2800米的栎林及杜鹃林。结小群，有时与其他种类混群。叫声有哨音，告警时为重复数次的快速响亮的叫声。

381. 纹胸斑翅鹛

Streak-throated Barwing（*Actinodura waldeni*）

纹胸斑翅鹛隶属于雀形目画眉科。体长约21厘米。通体深褐色，两翼及长尾具黑色细小横斑，冠羽羽缘色浅而成鳞状斑纹。下体灰而具棕色纵纹。虹膜褐灰，嘴深褐，脚褐色。分布范围自印度阿萨姆邦至中国西部和缅甸。在我国见于西藏东南部和云南西北部及西部。栖息于海拔1525–2745米的亚热带或热带的高海拔疏灌丛和湿润山地林。结小群，有时与其他种类混群。叫声轻柔，鸣声为响亮刺耳的颤音，以震音结尾。

382. 白眶斑翅鹛

Spectacled Barwing（*Actinodura ramsayi*）

白眶斑翅鹛隶属于雀形目画眉科。体长约24厘米。通体红褐色。头顶略具羽冠，醒目的白色眼圈为其鉴定特征。两翼及尾具黑色横斑，飞羽基部有大型棕色块斑。下体暗黄褐，喉具偏黑色细纹。与中国其他斑翅鹛的区别在于眼圈白色，其他斑翅鹛眼圈为灰色或棕色。虹膜褐色，嘴灰色，脚灰色。分布范围从缅甸东部至中南半岛北部及中国云南南部。常见于海拔450米以上的灌木林。栖息地包括亚热带或热带的高海拔草原、高海拔疏灌丛和湿润山地林。性活泼吵嚷，立于矮丛顶鸣叫时羽冠耸起。叫声响亮但略具忧伤，音调先升后降。

384. 纹胸鹪鹛

Eyebrowed Wren-babbler（*Napothera epilepidota*）

纹胸鹪鹛隶属于雀形目画眉科。体长约11厘米，是一种体型较小而尾短的褐色鹪鹛。白色眉纹显著，体羽以深褐色为主，上体具深色鳞状斑。颏及喉皮黄色，腹中心白色，下体具皮黄色纵纹。覆羽及三级飞羽羽端有白色小点斑。虹膜褐色，嘴褐色，脚浅褐色。分布于不丹东部、印度阿萨姆邦至中国西南、东南亚及大巽他群岛。在我国不同的亚种分别分布于广西（瑶山）、云南南部、西藏东南部及海南岛，可高至海拔2000米的丘陵及山区。常在浓密林下植被中活动，性格惧生，不易被发现。叫声为响亮而悠长的平音以及颤鸣声。

385. 短尾鹪鹛

Streaked Wren-babbler（*Napothera brevicaudata*）

短尾鹪鹛隶属于雀形目画眉科。体长约15厘米。通体褐色，顶冠、颈背及上背多具深色的鳞斑。下体棕褐而微具纵纹，喉具黑白色纵纹。大覆羽及三级飞羽羽端可见些许细小的白色点斑。虹膜褐色，嘴褐色，脚偏粉色。分布于印度阿萨姆邦至中国西南及东南亚。在我国分布范围狭小且不常见，主要在云南西部边陲、东南部及广西。栖于多岩常绿林林下植被，尤喜石灰岩地区。性隐蔽，常藏于岩石间。奔跑迅速，姿势似老鼠。叫声为多变的尖厉哨音，告警时发出沙哑“叽喳”声带轻柔的尖声。

386. 白领凤鹛

White-collared Yuhina（*Yuhina diademata*）

白领凤鹛隶属于雀形目画眉科。体长17–18厘米。通体烟褐色。头顶具蓬松的羽冠，颈后白色大斑块与白色宽眼圈及后眉线相接。颏、鼻孔及眼先黑色。飞羽黑而羽缘近白。下腹部白色。虹膜偏红，嘴近黑，脚粉红。分布范围从中国西部、缅甸东北部至越南北部。在我国是非常常见的山区留鸟，见于甘肃南部、陕西南部秦岭、四川、湖北西部、贵州及云南。成对或结小群吵嚷活动于海拔1100–3600米的灌丛，冬季下至海拔800米。叫声为微弱的唧叫声。

387. 沼泽幽鹛

Marsh Babbler（*Pellorneum palustre*）

沼泽幽鹛隶属于雀形目画眉科。体长约15厘米。上体深棕色，下体白色，两胁褐色至皮黄色，胸部具有深色纵纹。眼先白色至皮黄色并形成贯眼纹。虹膜棕色至淡褐色，嘴深棕至淡棕色，脚肉棕色或灰蓝色。分布于印度东北部以及孟加拉东北部，分布海拔可高至800米。栖息于芦苇、高草林地及沼泽水边的热带草原生境。鸣声以低沉的喉音起始，响亮的崩裂声迅速转为低沉的嘶鸣；叫声密集嘈杂。

388. 褐顶雀鹛

Dusky Fulvetta（*Alcippe brunnea*）

褐顶雀鹛隶属于雀形目画眉科。体长约13厘米。顶冠棕褐色，前额黄褐色。下体皮黄色，两翼纯褐色。虹膜浅褐色或黄红色，嘴深褐色，脚粉红色。为我国的常见留鸟，分布于台湾地区、陕西南部秦岭、湖北西部、四川东部乌江、贵州北部及云南东北部，广泛见于我国南部、东南部和海南岛。亚种分化较多。栖于海拔400–1830米的常绿林及落叶林的灌丛层。

389. 斑胁姬鹛

Himalayan Cutia（*Cutia nipalensis*）

斑胁姬鹛隶属于雀形目画眉科。体长约19厘米。身体具醒目图案。雄鸟额、顶冠、颈背及飞羽羽缘蓝灰色；上背、背、腰及甚长的尾上覆羽橙棕色；尾、两翼余部及宽阔的过眼纹黑色；下体白色，两胁具黑色横斑。雌鸟色较淡，上背及背橄榄褐色而具黑色粗纵纹；过眼纹深褐色。虹膜红褐色，嘴略黑，脚黄色至橘黄色。为我国留鸟，见于西藏南部及东南部、四川西部、云南西北部及云南南部西双版纳的丘陵地带。通常结小群或混群，在长满真菌的树枝上移动觅食。叫声为响亮而逐渐上扬的长鸣声，以及重复多次的响亮而单调的双音节叫声。

390. 棕腹鹛

Tawny-bellied Babbler（*Dumetia hyperythra*）

棕腹鹛隶属于雀形目画眉科。体长约13厘米，是一种娇小的鹛类。上体暗褐色，下体橘黄色，头顶褐灰色，前额羽毛较硬。在印度次大陆和斯里兰卡生活的种群，其喉部为白色。尾较长，翅短，飞翔能力弱。分布于印度、斯里兰卡和尼泊尔西南部等地，为留鸟。常在灌丛及高草地带活动，取食昆虫和花蜜。于灌丛中筑巢，隐藏于浓密的树叶中，每窝产卵3–4枚。

391. 黑颏穗鹛

Black-chinned Babbler（*Stachyridopsis pyrrhops*）

黑颏穗鹛隶属于雀形目画眉科。体长约10厘米，是一种小型的鹛。成鸟全身褐色，仅眼周及喉部黑色，两翅及尾部褐色较深；未成年个体体色较淡，眼周和喉部偏灰色。分布于印度次大陆北部，国内于2010年在西藏日喀则发现有分布，为中国鸟类新纪录种。常在季雨林和热带或亚热带潮湿的低地森林中活动，取食昆虫。营巢于灌丛中，每窝产卵3–4枚。

392. 红头穗鹛

Rufous-capped Babbler（*Stachyridopsis ruficeps*）

红头穗鹛隶属于雀形目画眉科。体长10–12厘米，是一种小型的褐色鹛类。头顶棕红色，背部及双翅褐色，头两侧、喉和腹部灰黄色，喉部有黑色细纹，腹部两侧黄绿色，两性相似。分布于喜马拉雅山脉东部的印度锡金邦、不丹和东南亚，国内分布于华中、华南及台湾地区。常在亚热带或热带湿润的低地森林和山地森林中活动。食物以昆虫为主，偶尔取食果实及种子。常单独或成对活动，偶见与其他鹛类混群。营巢于茂密灌丛、竹丛或草丛中，每窝产卵4–5枚。

393. 楔嘴鹩鹛

Cachar Wedge-billed Babbler（*Sphenocichla roberti*）

楔嘴鹩鹛隶属于雀形目画眉科。体长约18厘米，属体型较大的鹛类。头顶、颈背、两翅和尾部及下腹部褐色，脸颊褐色，眉纹白色，喉及胸布满黑白相间的鳞状斑纹，延伸至腹部则变成褐白相间。嘴呈楔形，故名。分布于印度东北部的狭窄区域。国内偶见于云南。在长有高大树木的常绿林和茂密雨林边缘的竹林中活动。主要取食土鳖、小甲虫和其他昆虫。营巢于离地面较高的橡树上，每窝产卵4枚。

394. 锡金楔嘴鹩鹛

Sikkim Wedge-billed Babbler（*Sphenocichla humei*）

锡金楔嘴鹩鹛隶属于雀形目画眉科。体长约18厘米，属体型较大的鹛类。似楔嘴鹩鹛（*Sphenocichla roberti*），但整体颜色较暗，脸颊、喉部及胸部为黑色，白色眉纹非常明显，尾部具黑色横纹。分布于尼泊尔东部和印度锡金邦等地。国内偶见于西藏东南部。常于常绿阔叶林和竹林下的地面或林下灌丛中活动，主要取食小型昆虫。

395. 红嘴鸦雀

Great Parrotbill（*Conostoma aemodium*）

红嘴鸦雀隶属于雀形目鸦雀科。体长约28厘米，是一种体型甚大的褐色鸦雀。特征为具强有力的圆锥形黄嘴。额灰白色，眼先深褐色，下体浅灰褐色。虹膜黄色，嘴黄色，脚绿黄色。分布范围为喜马拉雅山脉至中国西南及缅甸东北部。在我国为不常见的留鸟，见于海拔2000–3300米，冬季下至海拔1400米，分布在甘肃南部白水江、陕西秦岭、四川、云南西北部及西藏南部。栖于亚高山森林、竹林及杜鹃灌丛。叫声为清晰而有韵味的“啯呦”声，以及喘息的“呱呱”叫或颤鸣。

396. 褐翅鸦雀

Brown-winged Parrotbill（*Sinosuthora brunnea*）

褐翅鸦雀隶属于雀形目鸦雀科。体长12–13厘米。通体暗褐色，嘴小，头顶至上背及头两侧栗色较多，两翼褐色，喉及上胸酒红色较浓且具较深栗色细纹，嘴多棕黄色。虹膜褐色，嘴棕黄色，脚粉红色。分布于缅甸东北部及中国西南部。三个亚种可见于云南西部、西北部以及金沙江流域至四川西南部。甚常见于海拔 1830–2800米。成30–50只个体的大群活动于竹林密丛、高草及灌丛。

397. 橙额鸦雀（*nipalensis* 亚种）

Black-throated Parrotbill（*Suthora nipalensis nipalensis*）

橙额鸦雀（*nipalensis*亚种）隶属于雀形目鸦雀科。体长约11厘米。顶冠棕色，脸颊灰，下体近白。喉及上胸黑色，宽眉纹黑色。下颊白色，两胁黄褐。背黄褐，尾棕褐，两翼黑色而具白色翼缘及明显的棕色翼上图纹。颏、喉黑色，颊和耳羽下部以及胸、腹和尾下覆羽等下体白色，两胁和尾下覆羽沾棕色。虹膜褐色，嘴粉灰，脚粉红。分布范围为喜马拉雅山脉、印度阿萨姆邦、缅甸、中南半岛北部及中国西南。结小群栖于林中层、林下植被及竹林。主要以昆虫和草籽为食，也吃其他小型无脊椎动物和植物果实及种子。叫声似哀怨的“咩咩”声及颤鸣声。

398. 橙额鸦雀（*poliotis* 亚种）

Black-throated Parrotbill（*Suthora nipalensis poliotis*）

橙额鸦雀（*poliotis*亚种）隶属于雀形目鸦雀科。体长约11.5厘米。橙额鸦雀顶冠棕色，脸颊灰，下体近白，喉及上胸黑色，宽眉纹黑色，下颊白色，两胁黄褐，背黄褐，尾棕褐，两翼黑色而具白色翼缘及明显的棕色翼上图纹，虹膜褐色，嘴粉灰，脚粉红。该亚种的上体橄榄色更深，耳羽苍灰色，喉部中央全黑，上胸和上胁灰色。该亚种分布于印度曼尼普尔邦和我国西藏东南部、云南西部及西北部。结小群栖于林中层、林下植被及竹林，以昆虫、竹芽和草籽为食。叫声为哀怨的“咩咩”声及颤鸣声。

399. 黄额鸦雀

Fulvous Parrotbill（*Suthora fulvifrons*）

黄额鸦雀隶属于雀形目鸦雀科。体小，约12厘米。通体红褐色。头侧具偏灰的深色侧冠纹，有明显的翼上图纹，棕色翼斑与白色的初级飞羽羽缘成对比。尾长，呈深黄褐色，羽缘棕色。颈侧的白色依地理亚种的不同而多少不一。虹膜红褐，嘴角质粉红，脚褐色至铅色。分布范围由尼泊尔至中国西南及缅甸东北部。在我国主要分布于西藏南部及东南部、云南西部及西北部、四川西南部、甘肃南部、陕西南部（秦岭），为不常见留鸟。栖于海拔1700–3500米的混合林地及云杉或桧树林的竹林密丛，经常结成20–30只鸟大群。叫声为持续不断的“唧唧啾啾”声及微弱而似鼠的叫声。

400. 棕头鸦雀

Vinous-throated Parrotbill（*Suthora webbiana*）

棕头鸦雀隶属于雀形目鸦雀科。体长约12厘米。雌雄羽色相似。额、头顶至后颈有时直到上背均为红棕色或棕色，头顶羽色稍深，眼先、颊、耳羽和颊侧棕栗色或暗灰色，喉略具细纹。嘴似山雀且小而有力，呈灰或褐色，嘴端色较浅；两翼栗褐；虹膜褐色，眼圈不明显；脚粉灰。亚种分化较多。分布范围为中国、朝鲜及越南北部。在我国分布于北京、上海、河北、河南、四川中部、贵州、云南东部、东北及台湾地区。栖息于中等海拔的灌丛、棘丛及林缘地带，活泼而好结群。鸣声为重复多次的短间隔高音，间杂有短促的“呸”声，有时仅作连续的“啾”声；叫声为持续而微弱的“啾啾”声。

401. 点胸鸦雀

Spot-breasted Parrotbill（*Paradoxornis guttaticollis*）

点胸鸦雀隶属于雀形目鸦雀科。体长约18厘米，是一种体型较大而极具特色的鸦雀，特征为胸上具深色的倒“V”形细纹。头顶及颈背赤褐色，耳羽后端有显眼的黑色块斑，上体余部暗红褐色，下体皮黄色。虹膜褐色，嘴橘黄色，脚蓝灰色。分布范围为印度阿萨姆邦、缅甸、中国南方及中南半岛北部。在我国见于华中、西南及东南的中高海拔地区。栖于灌丛、次生植被及高草丛。叫声为8–10声快而响且音调不变的圆润哨音，也有似群鸟“唧啾”声及“嘶嘶”叫声。

402. 震旦鸦雀

Reed Parrotbill（*Paradoxornis heudei*）

震旦鸦雀隶属于雀形目鸦雀科。体长约18厘米。喙黄色，带很大的嘴钩；额、头顶及颈背灰色；黑色眉纹上缘黄褐色，下缘白色。上背黄褐色，通常具黑色纵纹；下背黄褐色。有狭窄的白色眼圈。中央尾羽沙褐色，其余黑色而羽端白色。颏、喉及腹中心近白色，两胁黄褐色。翼上肩部浓黄褐色，飞羽较淡，三级飞羽近黑色。虹膜红褐色，嘴灰黄色，脚粉黄色。分布于中国东部及东北部，至西伯利亚东南部。性活泼，结小群栖于芦苇地。在国内仅栖息于黑龙江下游及辽宁芦苇地和长江流域、江苏沿海的芦苇地。夏季以昆虫为食，冬季也吃浆果。叫声急促而连贯，为一连串的短促的“唧唧”声。

403. 斑胸鸦雀

Black-breasted Parrotbill（*Paradoxornis flavirostris*）

斑胸鸦雀隶属于雀形目鸦雀科。体长约19厘米，是一种体型较大的褐色鸦雀。其鉴别特征为胸带、颏及耳羽后的斑块黑色，脸侧及喉白色而带黑色鳞状斑纹。下体粉皮黄。虹膜褐色，黄色的嘴粗短，脚灰色。主要分布于尼泊尔至印度阿萨姆邦及缅甸西部。分布海拔可高至1800米。栖于灌丛、高草丛及竹林。结小群活动，性惧生。叫声为动听的连续哨音，音高与音量均逐次上升，也有“咩咩”叫及三音节的颤鸣。

404. 褐鸦雀

Brown Parrotbill（*Cholornis unicolor*）

褐鸦雀隶属于雀形目鸦雀科。体长约20厘米，是一种体型较大且色调单一的褐色鸦雀。头侧有黑色的长眉纹。下体灰色。脸颊灰色，无眼圈，翼颜色较单一。虹膜灰色，黄色的嘴粗短，脚绿灰色。分布范围从尼泊尔至中国西南及缅甸东北部。在我国分布于西藏东南部、四川、云南西部及西北部。分布海拔为1850–3600米，冬季迁移至较低海拔。常结小群栖于竹林密丛，有时与其他鸦雀混群。叫声为“吱吱”声，告警时发出颤鸣。

405. 灰头鸦雀

Grey-headed Parrotbill（*Psittiparus gularis*）

灰头鸦雀隶属于雀形目鸦雀科。体长约18厘米。身体呈褐色，前额黑色，头顶至后颈灰色或深灰色。眼先白色或淡灰色，眼圈白色，眼后、耳羽和颈侧灰色或淡灰色。眼上有一长而粗的黑色眉，向前延伸至额侧，与黑色的额部相连为一体；向后延伸在颈侧，极为醒目。喉中部黑色，胸、腹等其余下体概为白色。虹膜红褐，嘴橘黄，脚灰色。分布范围由印度锡金邦至中国南方及东南亚。在我国为常见留鸟，三个亚种分别分布于西藏东南部、长江以南、四川及海南岛。分布海拔约为450–1850米，栖于低地森林的树冠层、林下植被、竹林及灌丛中。吵嚷成群。叫声为单声或约四声的快速清脆叫声，也有带沙哑的吱叫声。

406. 白胸鸦雀

White-breasted Parrotbill（*Psittiparus ruficeps*）

白胸鸦雀体隶属于雀形目鸦雀科。体长约19厘米。通体灰褐色。头棕色，下体近白色。眼先及眼周皮肤铅灰色。虹膜红褐色；嘴橘黄色至深色，嘴端及下嘴灰色；脚蓝灰色。分布范围从印度东北部至中国西南、缅甸及中南半岛北部。在我国为罕见留鸟，见于西藏东南部及云南西部边陲海拔900–1675米的山区林地。结小群栖于竹林，有时于灌丛及高草丛。有时与其他种类混群，常头朝下进食，似山雀。叫声有特色，似松鼠的“唧唧”声，间杂以缓慢双音。群鸟进食时发出持续不断的“吱吱”声，分散后作哀怨的咪叫声。嘴叩击有声。

407. 灰腹地莺

Grey-bellied Tesia（*Tesia cyaniventer*）

灰腹地莺隶属于雀形目树莺科。体长约9厘米，是一种小型莺类。头顶与背部暗绿色，黑色的眼纹上方有浅色的眉纹，腹部灰色较淡，中央近白色。尾较短。两性羽色相似，幼鸟上体多褐色。分布于喜马拉雅山脉至中国南方等地。栖息于亚热带或热带湿润的山地森林地带，取食小型昆虫。鸣声响亮。

408. 栗头地莺

Chestnut-headed Tesia（*Cettia castaneocoronata*）

栗头地莺隶属于雀形目树莺科。体长约10厘米，是一种色彩艳丽的小型莺类。头颈栗色，喉部黄色，背部绿色，腹部黄色，眼后有一白点。尾较短。两性羽色相似。幼鸟上体沾褐色，下体橙色。分布于喜马拉雅山脉一带至中国西南。栖息于亚热带或热带湿润的低地森林或山地森林中，取食小型昆虫。叫声响亮刺耳。

409. 山鹛

Chinese Hill Warbler（*Rhopophilus pekinensis*）

山鹛隶属于雀形目扇尾莺科。体长可达18厘米，是一种尾较长的莺类。上体灰色，密布纵向褐色条纹；眉纹色淡而细；下嘴两侧各有一道黑纹向后延伸至颈部；喉部白色；腹部具很长的栗色纵纹；尾较长，端部白色。山鹛为中国特有种，仅分布于中国北方。多见于丘陵地带干旱多石的矮树丛或山地灌丛中，善在地面奔跑和灌丛隐蔽处做短距离快速飞行。繁殖期外集群活动，有时与鹛类混群，因而常被误认为鹛。食物多为昆虫。

410. 优雅山鹪莺（*lepida* 亚种）

Graceful Prinia（*Prinia gracilis lepida*）

优雅山鹪莺（*lepida*亚种）隶属于雀形目扇尾莺科。体长10–11厘米，是一种尾较长的莺类。翅短，尾长而逐渐变细，端部具黑白斑点。繁殖期成鸟上体灰褐色，有暗色条纹；下体浅色，腹部两侧淡黄色。两性相似。冬季羽色较淡。翅短，飞行能力不强。长尾常上扬。分布于非洲东北部和亚洲西南部，包括从埃及和索马里东部到巴基斯坦和印度北部。常在具有浓密灌丛的林间和高草地带活动，主要捕食小型昆虫。在灌丛或草丛中筑巢，每窝产卵3–5枚。

411. 长尾缝叶莺（*longicauda* 亚种）

Common Tailorbird（*Orthotomus sutorius longicauda*）

长尾缝叶莺（*longicauda*亚种）隶属于雀形目扇尾莺科。体长10–14厘米，是一种小型的莺。成鸟头顶棕色，头两侧白色，背部及两翅暗绿色，腹部白色，两胁灰色。尾较长，并时常做上扬的动作。繁殖期雄鸟的中央尾羽显著延长。幼鸟羽色较暗淡。分布于印度、中国和东南亚各国；国内分布于西藏东南部、云南、华南及海南岛等地。常在开阔农田边、灌丛、林缘及园林中活动，取食小型昆虫。嘴尖而细，能编织精细而漂亮的巢，常在带刺的灌丛中筑巢，用细草编织，并将周围的树叶也用植物纤维或蛛网等材料缝在巢表面，非常隐蔽，故而得名“缝叶莺”。有时会被八声杜鹃（*Cacomantis merulinus*）巢寄生。

412. 白喉噪鹛

White-throated Laughingthrush（*Garrulax albogularis*）

白喉噪鹛隶属于雀形目噪鹛科。体长26–30厘米，属中等体型的噪鹛。上体暗褐色，喉部白色，腹部棕色，外侧的四对尾羽端部白色。特征明显，易于识别。两性羽色相似。分布于印度次大陆北部，包括印度、尼泊尔、不丹、巴基斯坦、越南等国；国内分布于中部和西南部、西藏南部及台湾地区等。常集群活动于亚热带或热带森林树冠层或浓密灌丛，捕食昆虫。鸣声响亮而嘈杂。常在林下灌木或距地面不高的树杈上筑巢，每窝产卵3–4枚。

413. 红嘴相思鸟

Red-billed Leiothrix（*Leiothrix lutea*）

红嘴相思鸟隶属于雀形目噪鹛科。体长13–15厘米，是一种体型较小、色彩鲜艳的鹛类。嘴红色，眼周淡黄色，头顶和背部暗黄绿色，喉黄色，胸部橙色，腹部黄色，两翅边缘红黄相间，尾黑色并具金属光泽，尾叉状。原产地在印度、不丹、尼泊尔和中国等地，因其色彩艳丽，已引入美国、英国、法国和日本等地。国内分布于华中、华南等广大地区。常在山地森林、林缘灌丛、农田和庭院地带活动，繁殖期成对或单独活动，其他季节常集成小群，取食昆虫和植物果实、种子等。营巢于林下或林缘灌丛的小树枝杈上，巢较精致，每窝产卵3–4枚。

414. 银耳相思鸟（***argentauris*** 亚种）
Silver-eared Mesia（*Leiothrix argentauris argentauris*）

银耳相思鸟（*argentauris*亚种）隶属于雀形目噪鹛科。体长约17厘米，属体型较小的鹛类。全身色彩鲜艳，嘴黄色，头黑色，眼后有一大块白斑，喉及颈部黄色或橙色，背部黄绿色，两翅橙色，翅上有一大块红斑，腹部黄绿色，尾黑色，尾上和尾下红色。两性基本相似，雌鸟尾上和尾下多为橙色。由于羽色艳丽，常被驯养。分布于东南亚，国内分布于西南地区。常在林缘、灌丛地带活动，单独或成对，非繁殖季节成群活动，取食昆虫和植物果实及种子。营巢于灌木丛，每窝产卵3–5枚。

415. 银耳相思鸟（*laurinae* 亚种）
Silver-eared Mesia（*Leiothrix argentauris laurinae*）

银耳相思鸟（*laurinae*亚种）隶属于雀形目噪鹛科。体长约17厘米，属体型较小的鹛类。银耳相思鸟全身色彩鲜艳，嘴黄色，头黑色，眼后有一大块白斑，背部黄绿色，两翅橙色，翅上有一大块红斑，腹部黄绿色，尾黑色，尾上和尾下红色。两性基本相似，雌鸟尾上和尾下多为橙色。该亚种的喉及颈部橙色，仅分布于苏门答腊南部。常在林缘灌丛地带活动，单独或成对，非繁殖季节成群活动，取食昆虫和植物果实及种子。营巢于灌木丛，每窝产卵3–5枚。

416. 斑喉希鹛

Bar-throated Minla（*Minla strigula*）

斑喉希鹛隶属于雀形目噪鹛科。体长约17厘米，属体型较小的鹛类。头顶黄褐色，略具羽冠，喉部有黑白相间的横纹，眼圈黄色，背部灰褐色，胸腹部黄色。两翅色彩斑杂，黑、白、橙三色相间。尾黑色，根部栗色，端部白色。羽色特别，易于辨识。分布于喜马拉雅山至东南亚，国内分布于西藏南部、云南及四川西部。常在亚热带或热带湿润的山地森林活动，主要取食昆虫。营巢于灌丛中，每窝产卵3枚。

417. 蓝翅希鹛

Blue-winged Minla（*Minla cyanouroptera*）

蓝翅希鹛隶属于雀形目噪鹛科。体长14–16厘米，属体型较小的鹛类。头部蓝色，具白色眉纹，背部褐色，两翅蓝色，胸及两胁灰色，腹部白色，尾部蓝色并有黑色的端部。羽色特别，易于辨识。分布于喜马拉雅山一带至东南亚各国，国内分布于云南、四川、贵州、广西、湖南和海南。常在亚热带或热带湿润的山地森林活动，成对或小群，主要取食昆虫。营巢于林下灌丛，每窝产卵3–4枚。

418. 火尾绿鹛

Fire-tailed Myzornis（*Myzornis pyrrhoura*）

火尾绿鹛隶属于雀形目噪鹛科。体长约12厘米，属体型较小的鹛类。全身多绿色，尾部外侧红色、端部黑色，两翅具橙色斑且端部具白斑，眼周黑色。雄鸟胸部具红色斑块，雌鸟则颜色较淡，其余羽色相似。分布于喜马拉雅山脉一带，包括不丹、中国、印度、缅甸和尼泊尔；国内仅分布于西藏东南部和云南西北部。常在亚热带或热带湿润的山地森林活动，主要取食花蜜。

419. 褐河乌

Brown Dipper（*Cinclus pallasii*）

褐河乌隶属于雀形目河乌科。体长约22厘米，是体型最大的河乌。成鸟全身深褐色，嘴黑色，有较窄的白色眼圈，尾较短。雌雄羽色相似，雌性体型稍小。幼鸟体色较浅，头和喉部具显著的灰白色斑点，背部、胸部和腹部具灰白色鳞形斑纹，尾和两翅的羽端白色（见图中左侧一只）。分布于东南亚及喜马拉雅山脉一带，故又被称为亚洲河乌。国内广泛分布于天山西部、东北、华中、华南、西南及台湾地区。其叫声在非繁殖季节较单调，但在繁殖期则丰富多变。

420. 褐河乌（续）

Brown Dipper（*Cinclus pallasii*）

褐河乌隶属于雀形目河乌科。栖息于山间河谷、溪流，有时也到高山上的小湖。常成对活动于河边，沿河流短距离飞行，或站在水中露出的岩石上，或潜入急流中觅食。食物以动物为主，主要是昆虫及其幼虫，如蜉蝣和石蝇等，有时也吃小鱼和植物种子。营巢于河岸岩石缝隙间或树根下。巢呈圆形，由草根、草茎、苔藓、树皮等堆砌而成，每窝产卵4–5枚，孵化20天左右，有时会被杜鹃巢寄生。图中右侧可见其位于水边岩石下的巢，幼鸟已出壳。

421. 河乌（*leucogaster* 亚种）

White-throated Dipper（*Cinclus cinclus leucogaster*）

河乌（*leucogaster*亚种）隶属于雀形目河乌科。体长17–20厘米。河乌雌雄羽色相似，分浅色型与深色型，图中所绘为其*leucogaster*亚种的深色型。深色型成鸟喉部棕色，腹部褐色，背部灰褐色，眼圈灰白色；幼鸟羽色较浅且两翅边缘为白色。河乌分布较为广泛，横跨整个欧亚大陆，一般为留鸟，某些地方为冬候鸟。该亚种分布范围从阿富汗北部穿过中亚地区到达东西伯利亚，中国境内则分布于新疆西部。

422. 河乌（*leucogaster* 亚种）（续）

White-throated Dipper（*Cinclus cinclus leucogaster*）

河乌（*leucogaster*亚种）隶属于雀形目河乌科。图中所绘为其*leucogaster*亚种的浅色型，从下嘴至胸部均为白色，背部灰褐色，眼圈灰白色。其下体的白色斑块一直延伸至腹部，故而被称为“白腹河乌（White-bellied Dipper）”。河乌一般栖息于海拔1000–5500米的高地，常单个或成对在山间河流中沿河飞行，站在岩石或倒木上，或钻入急流中，在石缝间觅食，善游泳和潜水。食物主要为水生昆虫和小型无脊椎动物，如蜉蝣和石蝇等，有时也吃小鱼和植物。营巢于水边岩石或树根下，每窝产卵4–5枚。河乌被挪威誉为国鸟。

423. 河乌（*cashmeriensis* 亚种）

White-throated Dipper（*Cinclus cinclus cashmeriensis*）

河乌（*cashmeriensis*亚种）隶属于雀形目河乌科。体长17–20厘米。河乌雌雄羽色相似，分浅色型与深色型：浅色型从下嘴至胸部均为白色，背部灰褐色，眼圈灰白色；深色型的喉部则为褐色。分布较为广泛，横跨欧亚大陆，被分为多个亚种，是挪威的国鸟。常单个或成对在山间河流中沿河飞行，钻入水中，在石缝间觅食，善游泳和潜水。食物主要为水生昆虫和小型无脊椎动物。营巢于水边岩石或树根下。图中所绘为其*cashmeriensis*亚种，*cashmeriensis*亚种又叫“克什米尔河乌（Cashmir Dipper）”，分布范围从克什米尔西部至印度锡金邦的喜马拉雅山脉，国内分布于西藏南部至云南西北部。

424. 棕眉山岩鹨

Siberian Accentor（*Prunella montanella*）

棕眉山岩鹨隶属于雀形目岩鹨科。体长约14厘米，属体型较小的岩鹨。雄鸟全身多棕黄色，头顶及两颊近黑色，眉纹黄色，背部和肩部褐色具深色条纹，喉及胸腹部近黄色；雌鸟色稍淡。繁殖于俄罗斯西伯利亚、朝鲜至日本，越冬于中国东北、北方及中部。繁殖期常在河谷或河岸边灌丛活动，喜站在树木顶端鸣唱，冬季则在沿河低矮灌木丛觅食。主要取食昆虫，冬季也吃种子。营巢于低矮树木或灌丛上，每窝产卵4–6枚。

425. 红岩鹨

Japanese Accentor（*Prunella rubida*）

红岩鹨隶属于雀形目岩鹨科。体长约15厘米，属体型中等的岩鹨。全身多棕红色，头部色较淡，背部及两翅有黑色纵纹，腹部灰色。仅分布于库页岛和日本。常在山地灌丛和针阔混交林的林下活动。主要取食无脊椎动物，冬季也食种子。营巢于低矮灌丛，每窝产卵3–4枚。

426. 领岩鹨（*erythropygia* 亚种）

Alpine Accentor（*Prunella collaris erythropygia*）

领岩鹨（*erythropygia*亚种）隶属于雀形目岩鹨科。体长约18厘米，属体型较大的岩鹨。该亚种通体褐色，具黑色纵纹。头部灰色，腹部红褐色，背部红褐色具黑色纵纹，尾端黑色，两翅上部黑色有白色斑点，下端灰色。领岩鹨分布于整个欧亚大陆中部，该亚种则分布于阿尔泰山至蒙古北部和东部以及中国东北，也见于日本。国内在东北繁殖的种群迁徙至华东一带越冬。繁殖季节常在林线至雪线间的多石山地活动，非繁殖季节则在低海拔的多石和灌木生境或村庄附近活动。主要取食昆虫。营巢于悬崖峭壁的石缝中，每窝产卵3–4枚。

427. 领岩鹨（***nipalensis*** 亚种）

Alpine Accentor（*Prunella collaris nipalensis*）

领岩鹨（*nipalensis*亚种）隶属于雀形目岩鹨科。体长约18厘米，属体型较大的岩鹨。该亚种通体褐色，具黑色纵纹。头部灰色，腹部红褐色，背部红褐色具黑色纵纹，尾端黑色，两翅上部黑色，下端灰色。分布于尼泊尔、印度锡金邦、不丹、中国西南和缅甸北部，国内分布于西藏东南部、四川西南部。繁殖季节常在林线至雪线间的多石山地活动，非繁殖季节则在低海拔的多石和灌木生境或村庄附近活动，主要取食昆虫。营巢于悬崖峭壁的石缝中，每窝产卵3–4枚。

428. 栗背岩鹨

Maroon-backed Accentor（*Prunella immaculata*）

栗背岩鹨隶属于雀形目岩鹨科。体长约14.5厘米，属中等体型的岩鹨。头部和胸腹部均为灰色，脸颊色较深，背部红褐色，尾端灰色，两翅肩部灰色，翅缘有黑白相间横条纹。分布于喜马拉山脉东部、缅甸北部至中国中西部。国内繁殖于西藏东南部和四川等地，在云南北部越冬。常在靠近水源的潮湿针叶林和杜鹃林活动，冬季也在低海拔次生林和林缘活动。主要取食无脊椎动物和种子及少量浆果。营巢于灌丛底部或地上，每窝产卵3–4枚。

429. 鸲岩鹨

Robin Accentor（*Prunella rubeculoides*）

鸲岩鹨隶属于雀形目岩鹨科。体长16–17厘米，属中等体型的岩鹨。头部灰色，胸部红棕色，背部和两翅褐色具黑色条纹，腹部偏白色。分布于喜马拉雅山脉至中国中西部，国内分布于青海东部、甘肃、四川及西藏南部。繁殖季节主要在林线至雪线间的低矮悬崖、多石山地和高山草甸活动，非繁殖季则迁徙至低海拔的多石和灌木生境或村庄附近活动。主要取食种子和小型无脊椎动物，也食小型甲壳动物。多营巢于地上，每窝产卵3–5枚。

430. 棕胸岩鹨

Rufous-breasted Accentor（*Prunella strophiata*）

棕胸岩鹨隶属于雀形目岩鹨科。体长约15厘米，属中等体型的岩鹨。全身色彩斑杂。头顶及脸颊黑色，眉纹棕色，眼圈白色，喉白色，胸部红棕色，腹部白色具黑色纵纹，两翅及背部褐色具黑色纵纹。分布范围从阿富汗东部、喜马拉雅山脉至中国中西部，国内分布于西藏南部、青海、甘肃、四川、云南等地。夏季在有杜鹃灌丛的针阔叶林活动，冬季向下迁徙至低海拔开阔生境。主要取食无脊椎动物及其幼虫。营巢于灌丛底部，每窝产卵3–5枚。

431. 黑喉岩鹨

Black-throated Accentor（*Prunella atrogularis*）

黑喉岩鹨隶属于雀形目岩鹨科。体长约15厘米，属中等体型的岩鹨。头部黑白相间，头顶、脸颊及喉部黑色，眉纹白色，背部及两翅棕色具黑色纵纹，胸腹部棕色较淡。繁殖于乌拉尔，越冬至伊朗及印度西北部，在中亚和中国西北部则为留鸟。国内分布于新疆西部。在亚高山低矮茂密的灌丛活动，主要取食昆虫和其他小型节肢动物。营巢于低于3米的灌木或杉柏树中，每窝产卵3–5枚。

432. 高原岩鹨

Altai Accentor（*Prunella himalayana*）

高原岩鹨隶属于雀形目岩鹨科。体长约15厘米，属中等体型的岩鹨。成鸟色彩斑杂，头部多灰色，脸颊褐色，头顶至颈部灰色，喉部灰色，背部及两翅褐色具黑色纵纹，腹部褐色和白色相间。分布范围从俄罗斯南部和蒙古西北部至天山山脉和帕米尔，非繁殖季至喜马拉雅山脉越冬。国内分布于新疆阿尔泰山和天山及西藏南部。夏季在多石的高山草地和山坡裸露岩石上活动，冬季则在多草地带和低海拔山谷活动。夏季主要取食无脊椎动物，冬季多食种子和浆果。营巢于高草或岩石下的地面洞穴中，每窝产卵4–6枚。

433. 鹪鹩（***nipalensis*** 亚种）

Eurasian Wren（*Troglodytes troglodytes nipalensis*）

鹪鹩（*nipalensis*亚种）隶属于雀形目鹪鹩科。体长9–10厘米。鹪鹩亚种繁多，羽色多变。全身棕褐色，头顶至颈背部色较深，喉、胸至腹部色较淡，有白色眉纹，脸颊沾黑色，两翅边缘沾黑色，背部、两翅、腹部及尾部都具暗色横纹，尾短小且时常上翘。该亚种较其他亚种颜色更深。鹪鹩几乎遍布北半球，该亚种分布于尼泊尔东部至印度东北部和西藏南部。生境多变，在中国多在针叶林中活动。主要取食小型无脊椎动物，如蜘蛛、小甲虫等。营巢环境多变，多在植被茂密处或洞穴中，每窝产卵3–9枚。

434. 台湾鷦鶥

Taiwan Wren-babbler（*Pnoepyga formosana*）

台湾鷦鶥隶属于雀形目鳞胸鷦鶥科。体长8–9厘米，属体型较小的鹛类。全身褐色；尾极短，几乎看不到；头、颈背及胸腹部布满鳞片状斑纹。分暗色型和淡色型，暗色型胸腹部的鳞片纹褐黑相间，而淡色型则为黑白相间，图中所绘为暗色型。仅分布于中国台湾地区。常在阔叶林或针阔混交林下茂密的灌丛或竹丛活动。主要取食昆虫、蜘蛛、蜗牛和种子。营巢于有苔藓覆盖的岩石间，每窝产卵2枚。

435. 茶胸鹩鹛

Tawny-breasted Wren-babbler（*Spelaeornis longicaudatus*）

茶胸鹩鹛隶属于雀形目鳞胸鹪鹛科。体长11–12厘米，属体型较小的鹛类。全身棕色，头颈至背部、两翅和尾部色稍深，眼周灰色，下腹部有一块白斑。仅分布于印度东部的狭窄区域。常在常绿阔叶林或林下植被丰富的次生林中活动，特别是植被茂密的沟谷中。主要取食无脊椎动物。营巢于灌木茂密的地面或河床下的潮湿苔藓上，每窝产卵2–4枚。

436. 亚洲斑旋木雀

Indian Spotted Creeper（*Salpornis spilonotus*）

亚洲斑旋木雀隶属于雀形目旋木雀科。体长约15厘米，属中等体型的旋木雀。体色斑杂，整体为灰黑色而布满白斑。头顶至颈背、尾部至两翅色较深，眉纹白色，过眼纹黑色，喉部白色。胸腹部至尾下色较淡，白斑多而大。分布于印度和中非地区。常在落叶林中的开阔地带活动，主要取食昆虫及其幼虫。营巢于离地面较高的树杈上，每窝产卵1–3枚。

437. 锈红腹旋木雀

Rusty-flanked Treecreeper（*Certhia nipalensis*）

锈红腹旋木雀隶属于雀形目旋木雀科。体长约14厘米，属中等体型的旋木雀。整体深褐色。头顶、背部及两翅褐色，具黑色纵纹和白色斑点；尾部褐色无斑纹；眉纹白色；脸颊偏黑色；喉至胸部白色；腹部棕色。分布于喜马拉雅山脉至缅甸北部，国内分布于西藏东南部及云南西部。在中国，常在海拔1980–3500米的针叶林及混交林活动，沿树干攀爬。主要取食节肢动物。营巢于树上，每窝产卵3枚。

438. 高山旋木雀

Bar-tailed Treecreeper（*Certhia himalayana*）

高山旋木雀隶属于雀形目旋木雀科。体长约14厘米，属中等体型的旋木雀。整体色深。头顶、背部及两翅褐色，具黑色纵纹和白色斑点；尾部灰色，具暗色横纹；眉纹白色；脸颊偏黑色；喉至胸部白色；腹部色较深。仅分布于阿富汗北部、喜马拉雅山脉、缅甸及中国西南；国内分布于甘肃南部、陕西南部、四川、云南及西藏东南部。繁殖季节在开阔的针叶林或林缘活动，冬季则到平原或河谷的林中、果园或花园觅食，沿树干攀爬，主要取食昆虫、蜘蛛和其他小型无脊椎动物。营巢于大树松软的树皮下，每窝产卵4–6枚。

439. 叽喳柳莺（***tristis*** 亚种）

Siberian Chiffchaff（*Phylloscopus collybita tristis*）

叽喳柳莺（*tristis*亚种）隶属于雀形目柳莺科。体长11–12厘米，属体型较小的柳莺。全身灰色或灰绿色，头、颈背、两翅及尾部色较暗，喉、胸和腹部近白色，眉纹色较淡。该亚种全身偏灰色。繁殖于欧亚大陆北部，越冬于地中海沿岸、北非至中东，在欧洲部分地区则为留鸟。国内仅见于新疆西北部。常在具低矮灌丛的落叶林中活动，主要取食昆虫及其卵和幼虫。营巢于灌丛或草木覆盖较好的地面，每窝产卵5–6枚。

440. 戴菊（***himalayensis*** 亚种）

Goldcrest（*Regulus regulus himalayensis*）

戴菊（*himalayensis*亚种）隶属于雀形目戴菊科。体长约9厘米，体型较小，似柳莺。全身灰绿色。头顶黄色，其两侧各有一黑色条纹，非常明显。两翅有两道白色横纹，翅边缘为黑色，尾部沾灰色，腹部色较淡。亚种繁多，分布于欧洲、中亚、喜马拉雅山脉及中国中西部等地。该亚种分布于阿富汗东部至喜马拉雅西部。常在温带或亚高山针叶林中活动，主要取食小型节肢动物。营巢于松树上，离地面4–14米，每窝产卵6–13枚。

441. 白眉鹡鸰

White-browed Wagtail（*Motacilla maderaspatensis*）

白眉鹡鸰隶属于雀形目鹡鸰科。体长21–24厘米，属体型较大鹡鸰。身体修长。头顶、脸颊、背部、尾部及喉胸部均为黑色，眉纹白色，两翅黑色而边缘白色，腹部白色。仅分布于巴基斯坦、印度和孟加拉，部分至斯里兰卡越冬。喜在水源附近活动，特别是有岩石和石滩而水流平缓的河边。主要取食昆虫，特别是小型鞘翅类。营巢于河岸或靠近水流的墙壁、桥梁的洞穴中，每窝产卵3–5枚。

442. 白鹡鸰（***dukhunensis*** 亚种）

White Wagtail（*Motacilla alba dukhunensis*）

白鹡鸰（*dukhunensis*亚种）隶属于雀形目鹡鸰科。体长16.5–18厘米，属体型中等鹡鸰。体色多为黑、白、灰，头顶至颈部、喉至胸部为黑色，前额和眼周白色，背部黑色或灰色，两翅白色具黑色或灰色条纹，尾黑色，腹部白色沾灰。该亚种背部为灰色。白鹡鸰亚种繁多，分布范围广泛，几乎遍布欧亚大陆，冬季迁徙至非洲北部、阿拉伯半岛、中东、印度和东南亚。该亚种见于俄罗斯至中亚，迁徙至中东和印度越冬，偶见于中国西北。生境多变，但都在没有树木生长的潮湿环境，如海滩、多石的河流、花园等。主要取食各种小型陆生和水生无脊椎动物。营巢于河岸、墙壁或桥上的洞穴中，每窝产卵3–8枚。

443. 白鹡鸰（*personata* 亚种）

White Wagtail（*Motacilla alba personata*）

白鹡鸰（*personata*亚种）隶属于雀形目鹡鸰科。体长16.5–18厘米，属体型中等的鹡鸰。体色多为黑、白、灰，头顶至颈部、喉至胸部为黑色，前额和眼周白色，背部黑色或灰色，两翅白色具黑色或灰色条纹，尾黑色，腹部白色沾灰。该亚种背部为灰色，眼周白色范围较小。白鹡鸰亚种繁多，分布范围广泛，几乎遍布欧亚大陆，冬季迁徙至非洲北部、阿拉伯半岛、中东、印度和东南亚。该亚种繁殖于亚洲中部、蒙古西部及中国西北，越冬于伊朗、阿拉伯东部至印度次大陆。生境多变，但都在没有树木生长的潮湿环境，如海滩、多石的河流、花园等。主要取食各种小型陆生和水生无脊椎动物。营巢于河岸、墙壁或桥上的洞穴中，每窝产卵3–8枚。

444. 黄头鹡鸰

Citrine Wagtail（*Motacilla citreola*）

黄头鹡鸰隶属于雀形目鹡鸰科。体长16.5–20厘米，属体型中等的鹡鸰。整个头部和胸腹部为黄色，颈背部灰色或黑色，两翅黑白相间，尾部黑色。繁殖于俄罗斯西部、中亚、中东及中国北方，冬季迁徙至印度、东南亚和中国南方。国内繁殖于北方大部分地区及青藏高原至华中，越冬于广东、福建一带，在云南则为留鸟。喜在湿地、湖泊边缘及柳树灌丛等地带活动。主要取食各种水生无脊椎动物及其幼虫。营巢于植被茂密的地上，每窝产卵3–6枚。

445. 树鹨

Olive-backed Pipit（*Anthus hodgsoni*）

树鹨隶属于雀形目鹡鸰科。体长15–17厘米，属体型中等的鹨。全身布满黑色纵纹，头顶、颈背及尾部暗黄绿色，眉纹白色，喉部白色，腹部白色具黑色纵纹。繁殖于亚洲北部的西伯利亚、蒙古及喜马拉雅山脉和中国中部，越冬于印度和东南亚各国。国内繁殖于东北、华中至西北，在华南越冬，在云南和西藏南部则为留鸟。繁殖季在森林边缘或开阔林地中的岩石地面活动，非繁殖季则下到丘陵地带。主要取食昆虫及其幼虫。营巢于高草或岩石下的地面上，每窝产卵1–6枚。

446. 红喉鹨

Red-throated Pipit（*Anthus cervinus*）

红喉鹨隶属于雀形目鹡鸰科。体长14–15厘米，属体型中等的鹨。眼周、喉部红褐色，非常明显；头顶和颈部褐色；背部及两翅褐色具黑色纵纹；腹部白色具黑色纵纹。繁殖于欧亚大陆北部，迁徙至非洲、印度北部、东南亚等地越冬。国内繁殖于东北、华北和华中，越冬于华东、西南和华南。繁殖季在有小溪流的湿地活动，冬季则常在有牛群活动的湿地附近觅食，主要取食昆虫及其他无脊椎动物。营巢于地上或较浅的洞穴中，每窝产卵2–7枚。

447. 山鹡鸰

Forest Wagtail（*Dendronanthus indicus*）

山鹡鸰隶属于雀形目鹡鸰科。体长16–18厘米，属体型中等的鹡鸰。头顶至颈背和尾部灰褐色，两翅黑色具两条白色带，眉纹及喉部白色，胸部具一黑色带，腹部灰色。繁殖于亚种东部，冬季迁徙至印度、东南亚和中国南部。国内繁殖于东北、华北、华中及华东，越冬于西南和南部。常在原始林、次生林或开阔林地活动，主要取食小型无脊椎动物。营巢于离地面2–7米高的树杈上，每窝产卵4–5枚。

448. 长嘴百灵

Tibetan Lark（*Melanocorypha maxima*）

长嘴百灵隶属于雀形目百灵科。体长21–22厘米，属体型较大的百灵。头背部红棕色，有黑色纵纹；两翅黑色具淡色羽缘；眉纹白色，眼圈白色；喉部白色，胸部棕色较淡，腹部白色；嘴较厚。分布范围从印度西北部至中国中部。国内分布于青海东北部、甘肃，甚至内蒙古西部和四川西北部。常在海拔较高的湖泊、河流周围的草地活动，主要取食种子、浆果等。营巢于地上，每窝产卵2–3枚。

449. 褐翅雪雀

Tibetan Snowfinch（*Montifringilla adamsi*）

褐翅雪雀隶属于雀形目雀科。体长约17厘米。雌雄同型。头灰色，上体灰褐色具深色纵纹，腹部偏白，喉黑，翅及尾羽黑色带白色斑纹，翼肩具黑色点斑。分布于克什米尔、喜马拉雅山脉、青藏高原及中国西北部海拔3500–5200米的地带。栖息于高海拔苔原或石原。飞行能力较弱，冬季集大群活动，也与其他雪雀混群。食物以昆虫为主。通常营巢于墙洞、土岩，或鼠和兔废弃的洞内；每窝产卵4枚，卵纯白色。

450. 棕颈雪雀

Rufous-necked Snowfinch（*Pyrgilauda ruficollis*）

棕颈雪雀隶属于雀形目雀科。体长13–15厘米。雌雄同型。头部具有黑色髭纹，面颊、颏及喉为白色，颈背栗色，覆羽羽端白色。分布于青藏高原及中国西北部。栖息于海拔2500–4000米的高山、草原、荒漠、裸岩。夏季成对活动捕食昆虫，冬季集小群，亦与其他雪雀混群。5月初进入繁殖期，求偶时做俯冲飞行。巢多筑在墙洞、土岩，或鼠和兔废弃的洞内；每窝产卵4–5枚，卵纯白色。

451. 黑顶麻雀

Saxaul Sparrow（*Passer ammodendri*）

黑顶麻雀隶属于雀形目雀科。体长约15厘米。繁殖期雄鸟具有鲜明的黑色顶冠纹、眼纹及颏部，眉纹至枕侧为棕褐色，脸颊浅灰；雌鸟颜色暗淡，上背具有黑色纵纹。分布于中亚至蒙古，我国西北部地区可见。见于沙漠绿洲、河床及山麓地带，喜有节节木的生境。生性惧生，冬季与黑胸麻雀混群。以植物种子为主要食物，育雏期也捕食昆虫。常营巢于树洞中，也见于石坡等地，每窝产卵5–6枚，卵色有白色、灰褐色和黄褐色等。

452. 粉红腹岭雀（***arctoa*** 亚种）

Asian Rosy Finch（*Leucosticte arctoa arctoa*）

粉红腹岭雀（*arctoa*亚种）隶属于雀形目燕雀科。体长14–18厘米。该亚种雄鸟上背黄褐色；头颈部为皮黄褐色；飞羽及尾羽近白色，有黑色羽端；体羽无红色；下体颜色较浅。雌鸟颜色较暗；喙为黄色，较厚。粉红腹岭雀分布于东北亚地区，该亚种分布于阿尔泰山、西伯利亚、蒙古以及中国大陆的新疆等地。栖息于海拔2700米以上的高山、高地的岩壁及灌木丛中。喜成对或结小群活动。主要采食植物种子。营地面巢，每窝产卵2–5枚，卵白色或粉白色。

453. 粉红腹岭雀（***brunneonucha*** 亚种）

Asian Rosy Finch（*Leucosticte arctoa brunneonucha*）

粉红腹岭雀（*brunneonucha*亚种）隶属于雀形目燕雀科。体长14–18厘米。该亚种雄鸟两翼、腰羽及下体呈玫红色，上背黄褐色，飞羽及尾羽黑色，冬季时头颈部为皮黄褐色；雌鸟颜色较暗，仅覆羽有粉红色。粉红腹岭雀分布于东北亚地区，该亚种分布于西伯利亚至堪察加半岛、千岛群岛、日本以及中国大陆的东北、内蒙古、河北等地。常见于海拔较高的荒芜高原及高山苔原带等，集小群活动。主要采食植物种子。营地面巢，每窝产卵2–5枚，卵白色或粉白色。

454. 高山岭雀（***haematopygia*** 亚种）

Brandt’s Mountain Finch（*Leucosticte brandti haematopygia*）

高山岭雀（*haematopygia*亚种）隶属于雀形目燕雀科。体长17–19厘米，是一种深灰色岭雀。雄鸟头部颜色较深，上背灰色有细小纵纹，腰部沾粉红色；雌鸟似雄鸟但颜色较浅。繁殖期雄鸟头部黑褐色，腰部沾葡萄紫色。不同亚种羽色略有差异。主要分布区为中亚、喜马拉雅山脉西部及中部至中国西部及蒙古，该亚种主要见于喀喇昆仑山脉。栖息于高海拔的多石、多沼泽地带，冬季向低海拔迁移。喜结大群，也见与雪雀混群。主要采食植物种子。营巢于洞穴，每窝产卵3–5枚，卵纯白色。

455. 红眉金翅雀

Spectacled Finch（*Callacanthis burtoni*）

红眉金翅雀隶属于雀形目燕雀科。体长约17.5厘米。雄鸟背部及胸部至下体呈红棕色，两翼及尾黑色，羽端具纯白色点斑，头黑色，具鲜红色贯眼纹；雌鸟与雄鸟相近，颜色较浅，贯眼纹为亮黄色。分布区较狭窄，在喜马拉雅山脉西部至印度锡金邦。栖息于海拔2700–3300米的针叶林及杜鹃林。集小群活动，采食植物种子。常营巢于较高的松树上，每窝产卵3枚，卵呈浅蓝绿色，有紫色斑纹及稀疏的黑色或深棕色斑点。

456. 红额金翅雀

European Goldfinch（*Carduelis carduelis*）

红额金翅雀隶属于雀形目燕雀科。体长约14.5厘米。主要特征为朱红色的额、脸颊和颏部，以及黑色的眼先和眼周。上体乌褐色，下体近白色，两翅和尾黑色，羽端有白斑，翅上有黄色斑。该物种有14个亚种，分布范围广，包括欧洲、北非、中东、中亚及中国西部。喜栖息于针叶林和针阔叶混交林中，也见于林缘及果园，海拔适应范围广。植食性为主，喜食药草种子。营巢于树上，较隐蔽，每窝产卵3–5枚，卵淡蓝白色，有稀疏褐色斑点。

457. 黑头蜡嘴雀

Japanese Grosbeak（*Eophona personata*）

黑头蜡嘴雀隶属于雀形目燕雀科。体长约20厘米。雌雄同色。体被灰褐色羽毛，头部、飞羽及尾羽为黑色，初级飞羽的羽端有白色图纹，喙黄色且呈圆锥形。雄鸟头部黑色部分呈杏仁状，雌鸟则更为圆润。繁殖期见于西伯利亚东部、中国东北、朝鲜及日本，越冬期迁至中国南方。栖息于平原和丘陵的灌丛及次生林。集小群，取食植物种子及果实。常营巢于灌丛或小树上，每窝产卵4–5枚，卵蓝色，具黑色斑点或斑纹。

458. 黑尾蜡嘴雀

Chinese Grosbeak（*Eophona migratoria*）

黑尾蜡嘴雀隶属于雀形目燕雀科。体长约17厘米，体型敦实。雄鸟整体灰褐色；头部及上喉呈有光泽的黑色；翅和尾黑色；初级飞羽、三级飞羽及初级覆羽羽端白色；臀黄褐色；喙黄色，圆锥形，尖端黑色。雌鸟与雄鸟相近，但头为灰褐色而非黑色。繁殖期见于西伯利亚东部、中国东部、朝鲜及日本，越冬期迁至中国南方。栖息于平原和丘陵地带的灌丛及次生林，也见于农田边缘。植食性为主。营巢于乔木上，每窝产卵3–7枚，卵色较多，大多为浅色被有深色斑点或斑纹。

459. 白点翅拟蜡嘴雀

Spot-winged Grosbeak（*Mycerobas melanozanthos*）

白点翅拟蜡嘴雀隶属于雀形目燕雀科。体长约22厘米。头部较大。繁殖期雄鸟具黑色的头部、喉部及上体，与黄色的胸腹部及臀部形成鲜明对比，飞羽羽端具明显黄白色点斑；雌鸟黄色具清晰黑色纵纹。分布于喜马拉雅山脉至缅甸、中国中部及西南地区。栖息于亚高山针叶林及混交林，冬季向低海拔迁徙。主要取食植物种子及浆果。每窝产卵2–3枚，卵浅绿色，有红棕色斑点和黑色条纹。

460. 白斑翅拟蜡嘴雀

White-winged Grosbeak（*Mycerobas carnipes*）

白斑翅拟蜡嘴雀隶属于雀形目燕雀科。体长约23厘米。头部较大。繁殖期雄鸟头部、颈部及胸部黑色，腰黄色，三级飞羽及大覆羽羽端黄色，初级飞羽基部有白色斑块；雌鸟与雄鸟相似，但灰色取代黑色，脸颊及胸部有浅色纵纹。分布于伊朗东北部，喜马拉雅山地区、天山山脉及中国中部和西南部。栖息于海拔2800–4600米的针叶林中。冬季结群，也与朱雀混群。主要取食植物种子和浆果。营杯状巢于灌木或树枝，每窝产卵2–4个，卵白色，有淡紫色和深棕色斑纹或条纹。

461. 黄腹拟蜡嘴雀

Black-and-yellow Grosbeak（*Mycerobas icterioides*）

黄腹拟蜡嘴雀隶属于雀形目燕雀科。体长22–24厘米。雄鸟头及喉部黑色，两翼及尾部黑色，其余部分亮黄色；雌鸟色较浅，头颈部、胸部及背部灰色，两翼及尾羽灰色带黑色边缘，腰部及腹部浅黄色。分布于阿富汗，巴基斯坦，喜马拉雅山脉东部及印度北部至尼泊尔西部地区。栖息于海拔1800–3500米的林带，冬季结群。植食性为主，夏季也捕食昆虫。营杯状巢于较高的树干处，每窝产卵2–3个，卵灰白色或灰绿色，覆有整齐的黑色线条及紫色杂斑。

462. 黄颈拟蜡嘴雀

Collared Grosbeak（*Mycerobas affinis*）

黄颈拟蜡嘴雀隶属于雀形目燕雀科。体长22–24厘米。繁殖期雄鸟头部、喉部、两翼及尾部黑色，颈背部橙黄色，其余部分黄色；雌鸟似雄鸟但色浅，头颈及喉部灰色，上背部及覆羽橄榄绿色，腰部黄色。分布于喜马拉雅山脉至中国西南部。栖息于海拔2700–4000米的高山针叶林或混交林，秋冬季结群向低海拔迁移。以植物种子及浆果为主要食物，夏季也捕食昆虫。营浅杯状巢于较高的针叶乔木上。

463. 血雀

Scarlet Finch（*Carpodacus sipahi*）

血雀隶属于雀形目燕雀科。体长约18.5厘米。颜色鲜艳。雄鸟全身为醒目的猩红色，飞羽及尾羽偏黑色带红色边缘；雌鸟与雄鸟差异大，上体为橄榄褐色，下体灰色带深色杂斑，腰羽黄色，飞羽及尾羽偏黑色带橄榄绿色边缘。分布于喜马拉雅山脉、中国西南部及印度北部。栖息于海拔1600–3400米的林间空隙或林缘地带。单独行动，偶见小群。主要取食植物种子或果实。筑巢于离地面7–12米的树上，每窝产卵4枚，卵蓝色，带有红棕色斑点。

464. 大朱雀

Great Rosefinch（*Carpodacus rubicilla*）

大朱雀隶属于雀形目燕雀科。体长约19.5厘米。雄鸟头颈及下体深红色，羽毛中间有白色点斑，两颊及耳羽亮粉红色，颈背、上背及腰部粉红色，两翼及尾部较长；雌鸟体羽淡灰色具浓密纵纹，但下背和腰部无斑纹。分布于中亚、高加索山脉、喜马拉雅山脉至中国西北部。栖息于海拔3600米以上的开阔石滩、草甸等，冬季也见于农田、村庄附近。集群时会与其他朱雀混群。主要采食植物种子。筑巢于山崖表面，每窝产卵4–5枚，卵深蓝色，带紫褐色杂斑。

465. 红腰朱雀

Red Mantled Grosbeak（*Carpodacus rhodochlamys*）

红腰朱雀隶属于雀形目燕雀科。体长约18厘米。繁殖期雄鸟呈鲜艳的粉红色，腰及眉纹色略浅且无细纹，顶纹及过眼纹色深，脸颊有银色点纹；雌鸟浅灰褐色，体被褐色纵纹。分布于中亚、阿富汗、喜马拉雅山脉西部及中国新疆西北部地区。栖息于海拔2500米以上的林带及高山草甸，冬季迁移至2000米以下地区。一般成对或结小群活动，取食植物种子、果实等。营杯状巢于地面或低矮灌丛中，每窝产卵4–6枚，卵浅蓝色，覆棕色斑点。

466. 长尾雀

Long-tailed Rosefinch（*Carpodacus sibiricus*）

长尾雀隶属于雀形目燕雀科。体长约17厘米，尾羽较长。繁殖期雄鸟前额、贯眼纹及颈侧绯红色，两颊、耳羽及额后部灰白色，喉、胸部及腰羽粉红色，上背部灰褐色有深色条纹，两翼具白斑；雌鸟多棕色，具灰色纵纹。分布于西伯利亚南部，哈萨克斯坦，日本，朝鲜及中国东北部、中部至西南地区。主要生活于山区的林带和灌丛中。主要取食植物种子及果实。营深杯状巢于树上，每窝产3–6枚卵，卵蓝绿色或亮蓝色，带有深色斑纹或斑点。

467. 红翅沙雀

Eurasian Crimson-winged Finch（*Rhodopechys sanguineus*）

红翅沙雀隶属于雀形目燕雀科。体长约17厘米。雄鸟头顶黑褐色，两翼及眼周绯红色，眉纹、喉及颈侧沙色，脸颊褐色，胸部及背部褐色带黑色纵纹，腹部白色；雌鸟似雄鸟但颜色较暗且绯红色少。分布于北非、红海沿岸、中亚及中国新疆西北部。栖息于海拔1700–4000米的高山灌丛中，冬季向较低海拔迁移。主要取食植物种子。营巢于石缝或灌丛中，每窝产卵4–5枚，卵浅蓝色，覆紫褐色小斑点。

468. 巨嘴沙雀

Desert Finch（*Rhodospiza obsoleta*）

巨嘴沙雀隶属于雀形目燕雀科。体长约15厘米。雄鸟体羽纯沙色，两翼沾粉红色，两翼及尾羽黑色带白色或粉红色羽缘，嘴亮黑色，眼先黑色；雌鸟与雄鸟相似，但无黑色眼先。分布于北非、中东、中亚至中国西北部。栖息于较开阔的半干旱地区，也见于果园及农田。于地面采食植物种子等。通常营巢于低矮的树木或灌丛中，每窝产卵4–6枚，卵白色至浅蓝绿色均可见，覆有黑色或紫色斑点和条纹。

469. 蒙古沙雀

Mongolian Finch（*Bucanetes mongolicus*）

蒙古沙雀隶属于雀形目燕雀科。体长约15厘米。整体呈灰褐色。雄鸟具灰白色眼圈和沙粉色眼端，浅色眉纹延伸环绕浅褐色耳羽，两颊、颏部及喉部浅沙粉色，两翼有粉红色羽缘及两块明显白色翼斑；雌鸟似雄鸟但羽色更单一，粉色较少。主要分布于土耳其、中亚、蒙古及中国西北部。栖息于半干旱灌丛或石坡，喜结群活动。主要取食植物种子。营巢于灌丛或地面，每窝产卵4–6枚，卵白色、浅蓝色或浅蓝绿色，覆有深棕色斑点。

470. 沙雀

Trumpeter Finch（*Bucanetes githagineus*）

沙雀隶属于雀形目燕雀科。体长约13厘米。繁殖期雄鸟喙周羽毛呈亮粉红色；头颈部浅烟灰色；喉部及胸部粉皮黄色，带亮粉色条纹；上体沙棕色；腰羽粉色；翅沾粉色；喙为亮橘红色。雌鸟似雄鸟但颜色较暗，偏皮黄色，喙为亮黄色。分布于北非、地中海沿岸、中东、中亚至印度西北部。栖息于沙漠、半沙漠地带及开阔草原。主要取食植物种子。营地面巢，每窝产卵4–6枚，卵淡蓝色，覆深棕色或紫褐色斑点。

471. 北朱雀

Pallas's Rosefinch（*Carpodacus roseus*）

北朱雀隶属于雀形目燕雀科。体长约16厘米，尾较长。雄鸟头部、胸部、下背部及下体绯红，额部及颏部白色，无眉纹；覆羽羽缘粉白，有两道翼斑。雌鸟偏皮黄色，上体具褐色纵纹。分布于西伯利亚、蒙古，冬季迁移至中国北方、日本、朝鲜等地。栖息于寒温带针叶林，夏季繁殖区海拔较高，冬季向低海拔迁移。主要取食植物种子。营巢于浓密的树枝间，杯型巢大且深，每窝产卵4–5枚，卵浅蓝色或蓝色，具灰黑色斑点或条纹，有时完全无斑。

472. 橙色灰雀

Orange Bullfinch（*Pyrrhula aurantiaca*）

橙色灰雀隶属于雀形目燕雀科。体长约14厘米。雄鸟前额、眼先及颏部黑色，头顶及上体深橙色，脸部及胸腹部橙色较浅，两翼及尾羽辉黑色，有两道浅橙色翼斑，腰及尾下覆羽白色；雌鸟似雄鸟，但羽色较暗，偏棕灰色，顶冠浅灰色。分布于喜马拉雅山脉西北部。栖息于海拔2400–3500米的针叶林或混交林，冬季向低海拔迁移。主要采食植物种子和果实。营杯状巢于杉木枝条上，每窝产卵3–4枚，卵白色，覆深红棕色杂斑。

473. 红腹灰雀（*griseiventris* 亚种）

Eurasian Bullfinch（*Pyrrhula pyrrhula griseiventris*）

红腹灰雀（*griseiventris*亚种）隶属于雀形目燕雀科。体长约15厘米。红腹灰雀雄鸟顶冠、眼周及颏部辉黑色，上背部灰色，两翼及尾羽辉黑色，腰及尾下覆羽白色；雌鸟似雄鸟，但胸腹部灰色，深灰色替代辉黑色。该亚种雄鸟两颊及喉部深粉红色，胸腹部暖灰色。红腹灰雀分布覆盖欧亚大陆北部地区，该亚种分布于远东地区、库页群岛及日本北部，冬季南迁至中国东北、韩国及日本中南部。喜林地及平原灌丛。采食植物种子。营巢于乔木枝干，每窝产卵4–6枚，卵淡蓝绿色，覆浅紫色杂斑和深棕色斑纹。

474. 红腹灰雀（*pyrrhul* 亚种）

Eurasian Bullfinch（*Pyrrhula pyrrhula pyrrhula*）

红腹灰雀（*pyrrhul*亚种）隶属于雀形目燕雀科。体长约15厘米。红腹灰雀雄鸟顶冠、眼周及颏部辉黑色，上背部灰色，两翼及尾羽辉黑色，腰及尾下覆羽白色；雌鸟似雄鸟，但胸腹部灰色，深灰色替代辉黑色。该亚种雄鸟两颊、喉部及胸腹部深粉红色；雌鸟暖灰色替代粉红色，两颊颜色略深。红腹灰雀分布覆盖欧亚大陆北部地区，该亚种分布覆盖欧亚大陆北部地区，冬季可至欧洲南部及亚洲西南部。喜林地及平原灌丛，采食植物种子。营巢于乔木枝干，每窝产卵4–6枚，卵淡蓝绿色，覆浅紫色杂斑和深棕色斑纹。

475. 红腹灰雀（*cineracea* 亚种）

Eurasian Bullfinch（*Pyrrhula pyrrhula cineracea*）

红腹灰雀（*cineracea*亚种）隶属于雀形目燕雀科。体长约15厘米。红腹灰雀雄鸟顶冠、眼周及颏部辉黑色，上背部灰色，两翼及尾羽辉黑色，腰及尾下覆羽白色；雌鸟似雄鸟，但胸腹部灰色，深灰色替代辉黑色。该亚种雄鸟不沾粉色或红色，两颊、喉部及胸腹部浅灰色；雌鸟似雄鸟，灰色部分颜色偏暖。红腹灰雀分布覆盖欧亚大陆北部地区，该亚种分布于西伯利亚、堪察加半岛、蒙古北部及中国东北。喜林地及平原灌丛，采食植物种子。营巢于乔木枝干。每窝产卵4–6枚，卵淡蓝绿色，覆浅紫色杂斑和深棕色斑纹。

476. 红头灰雀

Red-headed Bullfinch（*Pyrrhula erythrocephala*）

红头灰雀隶属于雀形目燕雀科。体长约17厘米，身形壮实。雄鸟前额、眼先及颏部黑色，顶冠至颈侧深橙黄色，两颊及喉部浅橙黄色，胸腹部橙黄色，上体烟灰色，腰及尾下覆羽白色；雌鸟似雄鸟，但偏棕灰色，顶冠浅黄绿色。分布于喜马拉雅地区。栖息于海拔2400–4200米较浓密的针叶林，冬季向低海拔迁移。主要取食植物种子。营杯状巢于低矮树木上，每窝产卵3–4枚，卵灰白绿色，覆深灰色和淡紫色杂斑。

477. 褐灰雀

Brown Bullfinch（*Pyrrhula nipalensis*）

褐灰雀隶属于雀形目燕雀科。体长约16厘米。雄鸟前额、眼先及喙基部黑色，头顶有鳞状斑纹，眼下有一小白斑，上体灰褐色，腰白色，两翼及尾羽黑色具紫色光泽，有浅色翼斑，最内侧次级飞羽羽缘红色；雌鸟与雄鸟相似，但最内侧飞羽羽缘为草黄色。分布于喜马拉雅山脉、中国东南部及台湾地区、马来半岛。栖息于亚高山林带，冬季向低海拔迁移。主要取食植物种子。营巢于针叶林中，每窝产卵2枚，卵淡蓝色，有稀疏的黑色斑点。

478. 灰头灰雀

Grey-headed Bullfinch（*Pyrrhula erythaca*）

灰头灰雀隶属于雀形目燕雀科。体长15-17厘米，身形壮实。雄鸟前额、眼先及颏部黑色，黑色部分外有一圈狭窄的白色羽带，头部、两颊、喉部及上体浅灰色，胸部深橙黄色，腹部浅灰色，腰及尾下覆羽白色；雌鸟似雄鸟，但上体棕灰色，胸腹部暖灰色。分布于喜马拉雅山脉、中国中部及台湾地区。栖息于海拔2500-4100米的针叶林及混交林，冬季结小群。主要取食植物种子。营巢于乔木横枝上，每窝产卵3枚，卵白色覆红棕色斑点。

479. 红交嘴雀（***himalayana*** 亚种）

Red Crossbill（*Loxia curvirostra himalayana*）

红交嘴雀（*himalayana*亚种）隶属于雀形目燕雀科。体长14–20厘米。特征为上、下嘴外侧相交。不同亚种间羽色差异较大。该亚种繁殖期雄鸟呈樱桃红色带杂斑，翅及尾羽黑色，下腹颜色较浅；雌鸟似雄鸟但橄榄绿色替代红色。红交嘴雀分布覆盖欧亚大陆及北美洲，该亚种分布于喜马拉雅东南部地区，冬季时南迁可至缅甸北部地区。栖息于中海拔针叶林带。主要采食植物种子，善于倒挂嗑食松子，也捕食昆虫及小型无脊椎动物。营深杯状巢于针叶林木的顶部，每窝产卵3–4枚，卵乳白色，散布黑紫色杂斑。

480. 白顶鹀

White-capped Bunting（*Emberiza stewarti*）

白顶鹀隶属于雀形目鹀科。体长约15厘米，是一种嘴形较小的鹀。雄鸟头部为浅灰色；贯眼纹及喉部黑色；胸部有一栗色条带，延伸至两胁及上体；覆羽棕色，有浅色边缘；下体近白色。雌鸟整体呈暗棕色具深色细条纹，头部颜色较浅，耳羽边缘有浅色斑点。分布于阿富汗、印度、伊朗及中亚各国。栖息于海拔1200–2500米多石的山地及灌丛。以植物种子为主要食物，育雏时也捕食昆虫。通常筑巢于灌丛或石坡上，每窝产卵3–5枚，卵浅蓝白色或灰白色，有红棕色斑纹或斑点。

481. 小鹀

Little Bunting（*Emberiza pusilla*）

小鹀隶属于雀形目鹀科。体长约13厘米。雌雄同色。头部栗色，有浅色眼圈和黑色纹路，上体褐色有深色条纹，下体偏白，两胁有黑色纵纹。繁殖期分布在欧洲北部边陲及亚洲北部，冬季南迁至印度东北部、中国及东南亚。栖息于灌木丛、小乔木、草地和农田中。生性谨慎多疑，多结群生活。以草籽、果实等为主要食物，也捕食昆虫。营杯型巢于低矮灌丛中，每窝产卵4-6枚，卵白色或绿色，被有小的褐色或紫褐色斑点。

482. 苍头鹀

Cinereous Bunting（*Emberiza cineracea*）

苍头鹀隶属于雀形目鹀科。体长16.5–18厘米。雄鸟头顶及两颊黄绿色，后颈部及两胁灰色，喉、颈部黄色，上体中灰色具暗色条纹，下体纯灰色，最外侧尾羽有白斑，第一枚初级飞羽常退化；雌鸟头部棕色具黑色条纹，两颊棕色，喉白具黑色条纹。主要分布于中亚、中东地区及地中海区域。喜栖息于有低矮灌木的石质坡地。以植物种子为主要食物来源，偶食昆虫。营巢于石头上或灌木下的地面上，每窝产卵3枚，卵白色或浅蓝色，有深色纵纹。

483. 栗耳鹀

Chestnut-eared Bunting（*Emberiza fucata*）

栗耳鹀隶属于雀形目鹀科。体长约16厘米。通体棕色带深色纵纹。雄鸟顶冠及颈侧灰色有黑色纵纹，耳羽栗色，独特的黑色下颊纹与胸部纵纹连接，喉白色，有棕色胸带；雌鸟与雄鸟相近，色彩较淡，条纹不明显。繁殖期分布于喜马拉雅山脉西段至中国、西伯利亚东部、朝鲜及日本北部，越冬期向南迁徙至中国、日本南部及印度北部地区。栖息于灌木、草地及农田，冬季集大群活动。营地面巢，每窝产卵3–6枚，卵白色，有红棕色纹路。

484. 田鹀

Rustic Bunting（*Emberiza rustica*）

田鹀隶属于雀形目鹀科。体长13–14.5厘米。繁殖期雄鸟头部及羽冠黑色，有白色眉纹，耳羽上有一白色小斑，上体红褐色具暗色条纹，喉部及下体白色，胸部及两胁有红棕色条纹；雌鸟似雄鸟，羽色较浅，脸颊及羽冠皮黄色。繁殖于欧亚大陆北部，越冬期南迁至日本、朝鲜、中国北部。栖息于寒温带针叶林、灌丛和沼泽草甸中，越冬也见于开阔田野。以草籽、谷物为食，育雏时也捕食昆虫。喜独行，但迁徙时与其他鹀类混群。营地面巢，每窝产卵4–6枚，卵淡蓝绿色，密布橄榄绿色斑纹。

485. 灰颈鹀

Grey-necked Bunting（*Emberiza buchanani*）

灰颈鹀隶属于雀形目鹀科。体长约16厘米。雌雄同型。头及后颈青灰色；浅色眼圈；喉及下髭纹近黄色；下体偏暖粉色；喙为黄色，圆锥形。分布于土耳其、伊朗、中亚山区、俄罗斯至中国西部及蒙古西部，越冬期迁移至巴基斯坦及印度西部。栖息于多石山坡及山地灌丛，也见于荒野和农田。以草籽、谷物为食。秋季多与其他鹀类集群活动。营地面巢于石堆或灌木下，每窝产卵4–5枚，卵色多变，有淡绿、粉色或淡灰色，具黑色和紫红色斑点和纵纹。

486. 黄喉鹀

Yellow-throated Bunting（*Emberiza elegans*）

黄喉鹀隶属于雀形目鹀科。体长15–16.5厘米。雄鸟头部具有黑色的短羽冠，颏黑色，眉纹前白后黄，喉部上黄下白，胸部具有半月形黑斑，腹部白色；雌鸟与雄鸟相似，但颜色较淡，褐色取代黑色，皮黄色取代黄色。在俄罗斯、朝鲜、日本、中国等地不连续分布。栖息于低地的林缘灌丛，也到农田附近活动。集小群活动，多以昆虫为食。多在灌丛下或低矮植物上筑杯状巢，一年繁殖2窝，每窝产卵2–5枚，卵白色或灰白色，有黑褐色、紫褐色的斑点和斑纹。

487. 黑头鹀

Black-headed Bunting（*Emberiza melanocephala*）

黑头鹀隶属于雀形目鹀科。体长15.5–17.5厘米。繁殖期雄鸟头黑色；脸颊及颈侧为明亮的金黄色；下体无纵纹，呈亮黄色，冬季较暗。雌鸟以棕黄色为主，颊及耳羽灰褐色。繁殖期分布于地中海东部至中亚一带，越冬期南迁至印度。栖息于平原农田及稀疏林地。喜食谷物及种子，常集大群，可达万只。营巢于小灌木及小果树上，巢大，每窝产卵4–5枚，卵色从白色到浅蓝色均有，偶带绿色，具暗褐色和灰紫色斑点。

488. 褐头鹀

Red-headed Bunting（*Emberiza bruniceps*）

褐头鹀隶属于雀形目鹀科。体长15–16.5厘米。头部无条纹，背部有黑色条纹。雄鸟头及胸部为栗色，颈圈及腹部亮黄色，非繁殖期颜色较暗淡；雌鸟黄色较少，上体灰褐色，下体浅黄色。繁殖期主要见于中亚地区，越冬期南迁至印度。栖息于海拔较低、开阔干旱的平原、草原，也见于绿洲。集小群，以植物种子为主要食物，育雏期也捕食昆虫。营巢于低矮的灌丛中，每窝产卵2–5枚，卵淡绿色，具褐色斑点。

489. 朱鹀

Przevalski’s Finch（*Urocynchramus pylzowi*）

朱鹀隶属于雀形目朱鹀科。体长约16厘米。通体偏粉红色，嘴细，尾长且呈凸形。繁殖期雄鸟眉纹、喉、胸部及尾羽羽缘呈粉红色，耳羽褐色；雌鸟似雄鸟，但无粉色，胸部为皮黄色带深色纵纹，尾呈粉橙色。仅分布于中国中西部地区。栖息于海拔3000–5000米的灌丛及高山密林，喜水。主要取食植物种子。营巢于灌丛基部，每窝产卵2–4枚，卵色独特，底色为灰绿色或橄榄绿色，密布棕色斑点，使其看起来呈灰棕色。

490. 纯色椋鸟

Spotless Starling（*Sturnus unicolor*）

纯色椋鸟隶属于雀形目椋鸟科。体长约22厘米。通体纯黑色，特征为头颈部、喉部及上胸部羽毛很长。雄鸟羽毛具有金属光泽；头胸部呈紫色，而背部和腹部则呈油绿色；嘴黄色，基部蓝色。雌鸟似雄鸟，但不具金属光泽，且嘴基部呈粉色。分布于伊比利亚半岛、法国南部、非洲北部及部分地中海岛屿（科西嘉岛、萨丁尼亚岛、西西里岛）。栖息于开阔的林地草原。杂食性，繁殖季捕食昆虫等小型动物，秋冬季采食植物果实及种子。营洞穴巢，每窝产卵4–5枚，卵为纯浅蓝色。

491. 紫翅椋鸟（*humii* 亚种）

Common Starling（*Sturnus vulgaris humii*）

紫翅椋鸟（*humii*亚种）隶属于雀形目椋鸟科。体长约21厘米。紫翅椋鸟特征为通体黑色带紫色、绿色金属光泽，头颈部、喉部及上胸部羽毛较长，新生体羽尖端有白色簇状斑点。雄鸟嘴黄色，基部蓝色；雌鸟似雄鸟，但不具金属光泽，且嘴基部呈粉色。该亚种特征为头部有蓝色光泽。紫翅椋鸟分布覆盖欧亚大陆西部，该亚种分布于喜马拉雅西部地区。喜开阔林带草地，包括城市环境。杂食性，包括昆虫、小型动物、植物种子及果实等。营巢于洞穴中，每窝产卵4–6枚，卵为浅蓝色，偶见白色。

492. 紫翅椋鸟（***purpurascens*** 亚种）

Common Starling（*Sturnus vulgaris purpurascens*）

紫翅椋鸟（*purpurascens* 亚种）隶属于雀形目椋鸟科。体长约21厘米。紫翅椋鸟特征为通体黑色带紫色、绿色金属光泽，头颈部、喉部及上胸部羽毛较长，新生体羽尖端有白色簇状斑点。雄鸟嘴黄色，基部蓝色；雌鸟似雄鸟，但不具金属光泽，且嘴基部呈粉色。该亚种特征为头及喉部红铜色，背蓝绿色。紫翅椋鸟分布覆盖欧亚大陆西部，该亚种分布于黑海沿岸地区。喜开阔林带草地，包括城市环境。杂食性，包括昆虫、小型动物、植物种子及果实等。营巢于洞穴中，每窝产卵4–6枚，卵为浅蓝色，偶见白色。

493. 红海栗翅椋鸟

Tristram's Starling（*Onychognathus tristramii*）

红海栗翅椋鸟隶属于雀形目椋鸟科。体长约25厘米。雄鸟辉黑色，初级飞羽红棕色带黑色条纹；雌鸟似雄鸟，但头部、喉部呈灰色，颈部及喉部下缘覆黑色条纹。分布于红海东部沿岸地区，如以色列、巴勒斯坦、苏丹、阿拉伯半岛西部。栖息于荒漠中多石生境，也见于城市地带。杂食性，以浆果及昆虫为主。营巢于岩壁或建筑物的深洞中，每窝产卵2–4枚，卵天蓝色，散布棕色斑点。

494. 台湾蓝鹊

Taiwan Blue Magpie（*Urocissa caerulea*）

台湾蓝鹊隶属于雀形目鸦科。体长约68厘米。身形修长，雌雄同型。头部、颈背及上胸部黑色，其他体羽湛蓝色，尾下覆羽有白色簇状羽端，尾羽长且羽端有黑色横纹及白色羽端，中央尾羽羽端白色，嘴大且呈猩红色。仅分布于中国台湾地区。栖息于海拔300–1200米的林地。常结小群活动，冬季向低海拔迁移。杂食性。有合作繁殖行为。营粗糙的平巢于树冠，每窝产卵5–6枚。

495. 红嘴蓝鹊（*occipitalis* 亚种）

Red-billed Blue Magpie（*Urocissa erythroryncha occipitalis*）

红嘴蓝鹊（*occipitalis*亚种）隶属于雀形目鸦科。体长53–64厘米。雌雄同型。红嘴蓝鹊头部、颈背及上胸部黑色，具白色顶冠，飞羽湛蓝色具白色羽端，尾长呈楔形，蓝色尾羽具宽阔的白色羽端及黑色横纹，中央尾羽无黑色，嘴呈猩红色。该亚种上体亮蓝色，下体白色且臀白。红嘴蓝鹊分布覆盖中国东部、南方地区及中南半岛，该亚种分布于印度西北部至尼泊尔东部边缘地区。栖息于热带、亚热带常绿阔叶林带。杂食性，但以动物性食物为主。有合作繁殖记录。营巢于较繁茂枝丫中，每窝产卵3–6枚。

496. 红嘴蓝鹊（*erythroryncha* 亚种）

Red-billed Blue Magpie（*Urocissa erythroryncha erythroryncha*）

红嘴蓝鹊（*erythroryncha*亚种）隶属于雀形目鸦科。体长53–64厘米。雌雄同型。红嘴蓝鹊头部、颈背及上胸部黑色，具白色顶冠，飞羽湛蓝色具白色羽端，尾长呈楔形，蓝色尾羽具宽阔的白色羽端及黑色横纹，中央尾羽无黑色，嘴呈猩红色。该亚种上体暗灰蓝色，下体灰白色而臀白。红嘴蓝鹊分布覆盖中国东部、南方地区及中南半岛，该亚种分布于中国中部、南部及东南部地区。栖息于热带、亚热带常绿阔叶林带。杂食性，但以动物性食物为主。有合作繁殖记录。营巢于较繁茂枝丫中，每窝产卵3–6枚。

497. 红嘴蓝鹊（*magnirostris* 亚种）

Red-billed Blue Magpie（*Urocissa erythroryncha magnirostris*）

红嘴蓝鹊（*magnirostris*亚种）隶属于雀形目鸦科。体长53–64厘米。雌雄同型。红嘴蓝鹊头部、颈背及上胸部黑色，具白色顶冠，飞羽湛蓝色具白色羽端，尾长呈楔形，蓝色尾羽具宽阔的白色羽端及黑色横纹，中央尾羽无黑色，嘴呈猩红色。该亚种上体亮蓝紫色，下体白色，嘴较其他亚种大。红嘴蓝鹊分布覆盖中国东部、南方地区及中南半岛，该亚种分布于印度东北部及东南亚各国。栖息于热带、亚热带常绿阔叶林带。杂食性，但动物性食物为主。有合作繁殖记录。营巢于较繁茂枝丫中，每窝产卵3–6枚。

498. 黄嘴蓝鹊（***flavirostris*** 亚种）

Yellow-billed Blue Magpie（*Urocissa flavirostris flavirostris*）

黄嘴蓝鹊（*flavirostris*亚种）隶属于雀形目鸦科。体长51–61厘米。雌雄同型。黄嘴蓝鹊头部、颈背及上胸部黑色，后颈部具明显白斑，飞羽湛蓝色具白色羽端，尾长呈楔形，灰蓝色尾羽具宽阔的白色羽端及黑色横纹，中央尾羽无黑色，嘴呈亮黄色。该亚种上体灰蓝色，下体灰白色。黄嘴蓝鹊分布于喜马拉雅山麓，该亚种分布于尼泊尔、印度东北部、缅甸北部及中国西藏东南部。喜栖息于中海拔混交林。杂食性，但以动物性食物为主。营巢于较繁茂枝丫中，每窝产卵3–5枚。

499. 黄嘴蓝鹊（***cucullata*** 亚种）

Yellow-billed Blue Magpie（*Urocissa flavirostris cucullata*）

黄嘴蓝鹊（*cucullata*亚种）隶属于雀形目鸦科。体长51–61厘米。雌雄同型。黄嘴蓝鹊头部、颈背及上胸部黑色，后颈部具明显白斑，飞羽湛蓝色具白色羽端，尾长呈楔形，灰蓝色尾羽具宽阔的白色羽端及黑色横纹，中央尾羽无黑色，嘴呈亮黄色。该亚种上体亮蓝色，下体纯白色。黄嘴蓝鹊分布于喜马拉雅山麓，该亚种分布于巴基斯坦北部向东至尼泊尔。喜栖息于中海拔混交林。杂食性，但以动物性食物为主。营巢于较繁茂枝丫中，每窝产卵3–5枚。

500. 黑头树鹊

Hooded Treepie（*Crypsirina cucullata*）

黑头树鹊隶属于雀形目鸦科。体长29–31厘米。雌雄同型。头部及飞羽黑色，黑色的尾羽长且呈勺状，前额羽毛柔软呈绒状，浅灰色颈圈较明显，上体近淡蓝灰色，下体沾浅褐色。分布于缅甸中部及南部的低地中。喜开阔干燥的林地。成对或结小群活动。捕食昆虫，也采食植物种子。营巢于茂密的枝条内，每窝产卵2–4枚。

501. 斯里兰卡蓝鹊

Sri Lanka Blue Magpie（*Urocissa ornata*）

斯里兰卡蓝鹊隶属于雀形目鸦科。体长40–47厘米。特征明显，雌雄同型。头部、颈部、喉部及上胸部栗色，眼周皮肤裸露呈深红色，嘴猩红色，体羽天蓝色，翅上覆羽蓝紫色，飞羽呈较浅的栗色，尾羽长呈蓝绿色，尾端具一黑色条带及较宽白色羽端。分布于斯里兰卡西南部。栖息于热带常绿阔叶林。主要捕食无脊椎动物，也采食浆果。营巢于较繁茂枝丫中，每窝产卵3–5枚。

502. 蓝绿鹊

Common Green Magpie（*Cissa chinensis*）

蓝绿鹊隶属于雀形目鸦科。体长37–39厘米。颜色鲜艳，雌雄同型。体羽整体呈草绿色；头顶部羽色偏黄绿色；有一黑色羽带从嘴基部环绕眼周至后枕；眼圈深红色；嘴猩红色；飞羽栗色，初级飞羽尖端具黑色和白色条纹；尾羽长，具黑色条纹和白色羽端。分布于喜马拉雅山脉、东南亚及苏门答腊岛和婆罗洲。栖息于热带、亚热带常绿阔叶林带。结小群活动，捕食小型动物为主。营碗状巢于隐秘树林中，每窝产卵3–7枚。

503. 喜鹊（***leucoptera*** 亚种）

Eurasian Magpie（*Pica pica leucoptera*）

喜鹊（*leucoptera*亚种）隶属于雀形目鸦科。体长46–50厘米。黑白相间，雌雄同型。喜鹊头胸部及背部呈黑色，带金属光泽；两胁及腹部白色；飞羽辉黑色，初级飞羽内翈白色；尾羽长，呈黑色，带金属光泽。该亚种特征为初级飞羽白色部分较大，尾羽金属光泽为偏黄的铜绿色。喜鹊分布覆盖欧亚大陆，该亚种分布于贝加尔湖南部、蒙古及中国东北部地区。栖息于较开阔地带，常见于人类环境。食性甚广。营巢于树木顶冠，巢型通常带有顶盖，每窝产卵2–8枚，卵青蓝色，带棕色杂斑。

- 1049 -

504. 喜鹊（*bactriana* 亚种）

Eurasian Magpie（*Pica pica bactriana*）

喜鹊（*bactriana*亚种）隶属于雀形目鸦科。体长46–50厘米。黑白相间，雌雄同型。喜鹊头胸部及背部呈黑色，带金属光泽；两胁及腹部白色；飞羽辉黑色，初级飞羽内翈白色；尾羽长，呈黑色，带金属光泽。该亚种特征为初级飞羽白色部分较大，腰羽白色，金属光泽为蓝绿色。喜鹊分布覆盖欧亚大陆，该亚种分布于西伯利亚地区及中亚。栖息于较开阔地带， 常见于人类环境。食性甚广。营巢于树木顶冠，巢型通常带有顶盖，每窝产卵2–8枚，卵青蓝色带棕色杂斑。

505. 喜鹊（***bottanensis*** 亚种）

Eurasian Magpie（*Pica pica bottanensis*）

喜鹊（*bottanensis*亚种）隶属于雀形目鸦科。体长46–50厘米。黑白相间，雌雄同型。喜鹊头胸部及背部呈黑色，带金属光泽；两胁及腹部白色；飞羽辉黑色，初级飞羽内翈白色；尾羽长，呈黑色，带金属光泽。该亚种特征为腰羽黑色，尾羽较短，金属光泽较少。喜鹊分布覆盖欧亚大陆，该亚种分布于青藏高原地区及不丹中部。栖息于较开阔地带，常见于人类环境。食性甚广。营巢于树木顶冠，巢型通常带有顶盖，每窝产卵2–8枚，卵青蓝色，带棕色杂斑。

506. 松鸦（***taivanus*** 亚种）

Eurasian Jay（*Garrulus glandarius taivanus*）

松鸦（*taivanus*亚种）隶属于雀形目鸦科。体长32–36厘米。雌雄同型。松鸦整体呈粉褐色，飞羽黑色具白色翼斑，外侧翼上覆羽亮蓝色具黑色条纹，尾黑色具方形斑块，腰羽及臀部白色。亚种众多，且头部纹路差异大。该亚种特征为头部无纹路，鼻基部绒羽及髭纹黑色，整体颜色偏暗，喉部略浅。松鸦分布覆盖欧亚大陆，该亚种分布于中国台湾地区。栖息于林地，较为喧闹。杂食性。营深杯状巢于乔木枝丫，每窝产卵3–10枚。

507. 大斑星鸦

Large-spotted Nutcracker（*Nucifraga multipunctata*）

大斑星鸦隶属于雀形目鸦科。体长约35厘米。雌雄同型。顶冠及颈背深棕色；脸颊、颈部及大部分体羽深灰棕色，覆白色点状条纹；下腹部及尾下覆羽纯白色；两翼辉黑色；覆羽及次级飞羽尖端白色；尾羽辉黑色，具白色羽端；嘴细长。分布范围较狭窄，从阿富汗东部经克什米尔地区，到印度西北部。主要栖息于中高海拔的混交林中。食性记录较少，采食松子。营巢于10–30米高的茂密针叶乔木中，每窝产卵3–4枚。

508. 白尾地鸦

Biddulph’s Ground Jay（*Podoces biddulphi*）

白尾地鸦隶属于雀形目鸦科。体长27–31厘米。雌雄同型。整体粉沙色，头顶及颈背中央辉黑色，眼先及耳羽浅沙色，嘴长且略弯曲，上体沙色，肩部沾棕色，翼上覆羽及次级飞羽蓝黑色带金属光泽，初级飞羽白色，次级飞羽羽端白色，尾白色，尾上覆羽长及尾羽一半。仅分布于塔克拉玛干沙漠，主要见于沙漠中植被较好的低地。杂食性。营巢于低矮植物中，偶尔见地面巢，每窝产卵1–3枚。

509. 黑尾地鸦

Henderson’s Ground Jay（*Podoces hendersoni*）

黑尾地鸦隶属于雀形目鸦科。体长约28厘米。雌雄同型。整体粉沙色，头顶及颈背中央辉黑色，眼先及耳羽浅沙色，嘴长且略弯曲，上体沙褐色，肩胛处沾葡萄紫色，翼上覆羽及次级飞羽蓝黑色带金属光泽，初级飞羽白色，尾辉黑色，尾上覆羽沙色，长度及尾羽一半。分布于俄罗斯中南部、蒙古西南部及中国西北部地区。栖息于荒漠、半荒漠地区的灌丛地带。杂食性。筑碗状巢于低矮的灌丛内，每窝产卵3–4枚。

510. 里海地鸦

Pander’s Ground Jay（*Podoces panderi*）

里海地鸦隶属于雀形目鸦科。体长约25厘米。雌雄同型。头部、颈部及上体灰色，喉部白色，眼先黑色，嘴纤细而微微弯曲，下体粉沙色，胸部有一黑色斑块，飞羽白色具黑色基部，尾部及尾上覆羽辉黑色。分布于乌兹别克斯坦中部、北部，哈萨克斯坦南部及土库曼斯坦中部、北部。栖息于沙漠中小灌丛，尤其喜欢梭梭类灌丛。杂食性。营巢于离地1米左右的灌丛中，巢通常有松散的顶盖，每窝产卵4–5枚。

511. 蓝翅八色鸫

Indian Pitta（*Pitta brachyura*）

蓝翅八色鸫隶属于雀形目八色鸫科。体长约18厘米。雌雄同型。头上部暗皮黄色，中间有一黑色条纹，眉纹白色，眼罩黑色较宽，眼睛下方有一白线，喉及两颊白色，上体深绿色，腰部蓝色，尾羽黑色具深蓝色羽端，小覆羽有一亮蓝色斑块，飞羽黑色有白色翼斑，下体皮黄色，腹部中央及尾下覆羽绯红色。繁殖期分布于喜马拉雅山麓至印度中部地区，非繁殖期分布于印度南部及斯里兰卡。栖息于灌木茂密的常绿森林。主要捕食昆虫。营橄榄球型巢于乔木上，每窝产卵4–6枚，卵瓷白色，覆红棕色和灰紫色斑点。

512. 仙八色鸫

Fairy Pitta（*Pitta nympha*）

仙八色鸫隶属于雀形目八色鸫科。体长约19厘米。雌雄同型。头上部栗色，中间有一黑色条纹，眉纹浅黄色，眼罩黑色较宽，喉及两颊白色，上体深绿色，腰部浅蓝色，尾羽黑色具蓝绿色羽端，小覆羽有一亮蓝色斑块，飞羽黑色有白色翼斑，下体皮黄色，腹部中央及尾下覆羽绯红色。繁殖期分布于中国东部、南部地区（包括台湾地区），日本南部及韩国；非繁殖期分布于婆罗洲。栖息于灌木茂密的林带。主要捕食昆虫。营巢于乔木或石崖上，每窝产卵4–6枚，卵乳白色，覆紫棕色斑点。

513. 斑腹八色鸫

Bar-bellied Pitta（*Hydrornis elliotii*）

斑腹八色鸫隶属于雀形目八色鸫科。体长19–21厘米。雄鸟头顶部蓝绿色，眉纹蓝色，上体深绿色，尾羽亮蓝紫色，眼罩黑色较宽，喉及两颊淡黄绿色，下体亮黄色具黑色细横纹，腹部中央深蓝色；雌鸟头枕部棕黄色，头顶黄绿色，下体皮黄色带黑色横纹，腹部无蓝色。分布于泰国东部边陲地区、老挝、越南及柬埔寨。栖息于灌木茂盛的常绿森林。主要捕食昆虫。营圆形巢于乔木，每窝产卵2–4枚，卵乳白色，底部偶有棕色斑点。

514. 榴红八色鸫（***granatina*** 亚种）

Garnet Pitta（*Erythropitta granatina granatina*）

榴红八色鸫（*granatina*亚种）隶属于雀形目八色鸫科。体长15–16厘米。雌雄同型。榴红八色鸫上体黑色带紫色金属光泽，腰部及尾羽深蓝色，飞羽蓝紫色，翼上覆羽亮蓝色，喉部及上胸部黑紫色，胸部及腹部红色。该亚种特征为头部黑色，亮红色顶冠从头顶中后部开始延伸至后颈部，红色部分两侧有天蓝色条带。榴红八色鸫分布于东南亚南部诸国及马来群岛，该亚种分布于婆罗洲。栖息于茂密的原始林。主要捕食昆虫。营圆形巢于地面，每窝产卵2枚，卵白色，带红棕色及灰紫色斑点。

515. 榴红八色鸫（***coccinea*** 亚种）

Garnet Pitta（*Erythropitta granatina coccinea*）

榴红八色鸫（*coccinea*亚种）隶属于雀形目八色鸫科。体长15–16厘米。雌雄同型。榴红八色鸫上体黑色带紫色金属光泽，腰部及尾羽深蓝色，飞羽蓝紫色，翼上覆羽亮蓝色，喉部及上胸部黑紫色，胸部及腹部红色。该亚种特征为头部黑色，亮红色顶冠从额部开始延伸至后颈部，红色部分两侧有天蓝色条带，胸部红色更多。榴红八色鸫分布于东南亚南部诸国及马来群岛，该亚种分布于马来群岛及苏门答腊岛东部。栖息于茂密的原始林。主要捕食昆虫。营圆形巢于地面，每窝产卵2枚，卵白色，带红棕色及灰紫色斑点。

516. 蓝斑八色鸫

Blue-banded Pitta（*Erythropitta arquata*）

蓝斑八色鸫隶属于雀形目八色鸫科。体长约15厘米。雄鸟头顶及项背绯红色，头顶侧边各有一天蓝色纵纹，上体蓝绿色，飞羽上有狭窄的天蓝色条纹，尾羽暗绿色，喉部及脸侧橘红色，下体猩红色，胸带闪天蓝色光泽如项链一般；雌鸟似雄鸟，但上体深橄榄绿色，尾灰绿色。分布于婆罗洲北部地区。栖息于中海拔林地。主要采食蚂蚁及其他昆虫。营球形巢于矮树上，每窝产卵2枚，卵亮白色，底部覆灰色和棕色斑点。

517. 红树八色鸫

Mangrove Pitta（*Pitta megarhyncha*）

红树八色鸫隶属于雀形目八色鸫科。体长18–21厘米。雌雄同型。头顶部棕褐色，眼罩黑色较宽，上体深绿色，腰部蓝紫色，尾羽黑色具蓝绿色羽端，翅膀外侧蓝紫色，飞羽黑色具白色斑块，喉部及两颊白色，下体深黄色，腹部中央至尾下覆羽绯红色，嘴粗壮且较长。分布于孟加拉南部海岸、泰国西部沿岸、马来半岛东部及西部沿岸和周边岛屿。栖息于沿海的红树林内。主要采食蚂蚁及其他昆虫。营圆形巢于地面，每窝产卵2枚，卵乳白色，带红棕色和淡紫色的条纹和斑点。

518. 吕宋八色鸫

Whiskered Pitta（*Erythropitta kochi*）

吕宋八色鸫隶属于雀形目八色鸫科。体长22–23厘米。雄鸟头部深棕色，头后部至项背橘红色，浅灰棕色髭纹延伸至颈侧，上体暗橄榄绿色，腰羽及翅上覆羽灰蓝色，尾羽暗蓝色，初级飞羽上的白斑飞行时可见，喉部及上胸部深棕色，胸部蓝色，下体绯红色；雌鸟似雄鸟，但翅上覆羽无蓝色，下体呈浅红色。仅分布于菲律宾北部的吕宋地区。喜栖息于林下层茂密的高山、亚高山林地。主要捕食昆虫。营巢于地面或低矮灌丛。

519. 蓝头八色鸫

Blue-headed Pitta（*Hydrornis baudii*）

蓝头八色鸫隶属于雀形目八色鸫科。体长16-17厘米。雄鸟前额至枕部亮蓝色，眼罩黑色较宽，上体朱红色，尾上覆羽及尾羽蓝色，翼上覆羽黑色，飞羽深棕色具白色翼斑，喉部及两颊白色，胸部黑色，下体深蓝紫色；雌鸟头部及上体浅褐色，喉部灰黄色，下体呈灰暗的橘黄色，两翼及尾部似雄鸟。仅分布于婆罗洲。栖息于河流周边植被较好的低地森林。主要捕食昆虫。营巢于低矮的土堆上，每窝产卵2枚，卵亮白色，最宽端有一不规则紫褐色点组成的环带。

520. 泰国八色鸫

Gurney's Pitta（*Hydrornis gurneyi*）

泰国八色鸫隶属于雀形目八色鸫科。体长约21厘米。雄鸟头部黑色，头顶中央至枕部亮蓝紫色，上体棕褐色，最长尾上覆羽及尾羽亮蓝色，颏部白色，上胸部及两胁亮黄色，胁部有黑色细横纹，胸腹部黑色；雌鸟顶冠至枕部皮黄褐色，眼后一黑色条带延伸至枕部，喉部及两颊白色，下体浅黄色，除腹部中央外密布黑色细横纹。仅分布于泰国南部甲米省。栖息于林下植被茂密的林地及次生雨林。主要捕食昆虫。营圆形巢于低矮植被上，每窝产卵3–4枚，卵乳白色，覆灰紫色斑点。

521. 蓝胸八色鸫

Azure-breasted Pitta（*Pitta steerii*）

蓝胸八色鸫隶属于雀形目八色鸫科。体长约19厘米。雌雄同型。头部黑色，上体深绿色，尾上覆羽蓝绿色，尾羽及飞羽黑色，次级飞羽外缘绿色，翼上覆羽浅蓝绿色，喉部白色，下体浅蓝色，腹部中央黑色，尾下覆羽绯红色。分布于菲律宾中部地区。栖息于林下植被茂密的森林，喜石灰石地貌。主要取食昆虫和蠕虫。

522. 黑头八色鸫

Black-crowned Pitta（*Erythropitta ussheri*）

黑头八色鸫隶属于雀形目八色鸫科。体长15–16厘米。雌雄同型。头部黑色，头顶两侧有天蓝色条带，上体黑色带紫色金属光泽，腰部及尾羽深蓝色，飞羽蓝紫色，翼上覆羽亮蓝色，喉部及上胸部黑紫色，胸部蓝紫色，腹部及臀部红色。分布于婆罗洲北部地区。栖息于茂密的原始林，尤喜沼泽地附近。主要捕食昆虫。营圆形巢于地面，每窝产卵2枚，卵白色，带红棕色及灰紫色斑点。

523. 绿胸八色鸫（***mulleri*** 亚种）

Hooded Pitta（*Pitta sordida mulleri*）

绿胸八色鸫（*mulleri*亚种）隶属于雀形目八色鸫科。体长16–19厘米。雌雄同型。绿胸八色鸫头部黑色，上体深绿色，肩部及尾上覆羽青蓝色，飞羽黑色，次级飞羽边缘绿色，初级飞羽有白色翼斑，尾羽黑色带蓝绿色羽端，胸部及两胁蓝绿色。该亚种特征为腹部中央至臀部红色。绿胸八色鸫分布于东南亚及马来半岛，该亚种分布于泰国南部、马来半岛北部、苏门答腊岛、爪哇岛西部及婆罗洲。栖息范围较广，见于各种林带以及作物种植区。主要捕食昆虫。营巢于树冠，巢扁圆形，常有一“步道”通向巢侧的出入口，每窝产卵2–5枚，卵白色，覆棕色及淡灰色斑点。

524. 绿胸八色鸫（*cucullata* 亚种）

Hooded Pitta（*Pitta sordida cucullata*）

绿胸八色鸫（*cucullata*亚种）隶属于雀形目八色鸫科。体长16–19厘米。雌雄同型。绿胸八色鸫头部黑色，上体深绿色，肩部及尾上覆羽青蓝色，飞羽黑色，次级飞羽边缘绿色，初级飞羽有白色翼斑，尾羽黑色带蓝绿色羽端，胸部及两胁蓝绿色。该亚种特征为有红棕色顶冠，腹部中央至臀部红色带少许黑色。绿胸八色鸫分布于东南亚及马来半岛，该亚种分布于喜马拉雅山麓及东南亚。栖息范围较广，见于各种林带以及作物种植区。主要捕食昆虫。营巢于树冠，巢扁圆形，常有一“步道”通向巢侧的出入口，每窝产卵2–5枚，卵白色，覆棕色及淡灰色斑点。

525. 蓝尾八色鸫

Javan Banded Pitta（*Hydrornis guajanus*）

蓝尾八色鸫隶属于雀形目八色鸫科。体长约23厘米，色彩艳丽。雄鸟头顶及头侧黑色，具有亮黄色眉纹，上体栗色，腰部及尾羽深蓝色，飞羽黑色有白色尖端，两颊及喉部黄白色，喉部下方有一深蓝色条带，下体淡黄色，带黑色细横纹；雌鸟似雄鸟，颜色较暗，无顶冠，头部及眉纹棕色。分布于爪哇岛及巴厘岛。栖息于有山崖的原始森林。主要捕食昆虫。营巢于低矮的灌木中，每窝产卵2–5枚，卵白色，底部覆红棕色、淡紫色和黑色斑点。

526. 婆罗洲蓝尾八色鸫

Bornean Banded Pitta（*Hydrornis schwaneri*）

婆罗洲蓝尾八色鸫隶属于雀形目八色鸫科。体长约20厘米，色彩艳丽。雄鸟头顶及头侧黑色，具有亮黄色眉纹，上体栗色，腰部及尾羽深蓝色，飞羽黑色有白色尖端，两颊及喉部黄白色，喉部下方有一深蓝色条带，下体黄色，带黑色细横纹，腹部中央蓝色；雌鸟似雄鸟，颜色较暗，头顶棕色，眉纹亮黄色，腹部无蓝色。分布于婆罗洲。栖息于有山崖的原始森林。主要捕食昆虫。营巢于低矮的灌木中，每窝产卵2–5枚，卵白色，底部覆红棕色、淡紫色和黑色斑点。

527. 蓝枕八色鸫

Blue-naped Pitta（*Hydrornis nipalensis*）

蓝枕八色鸫隶属于雀形目八色鸫科。体长22–25厘米。雄鸟上体暗橄榄绿色，尾部略带蓝色，头部皮黄色，过眼纹黑色，头后部及枕部亮蓝色，飞羽棕色带浅色羽缘，下体浅黄褐色，喉部略带粉色，颈部有一不连续黑色条带；雌鸟似雄鸟，但上体更偏棕色，头后部及枕部绿色。分布于喜马拉雅西南山麓及中国西南部。栖息于植被茂密的热带、亚热带次生林中。主要捕食昆虫。营圆形巢于地面或低矮灌丛中，每窝产卵3–5枚，卵乳白色，覆有红棕色斑点及灰紫色斑纹。

528. 蓝八色鸫

Blue Pitta（*Hydrornis cyaneus*）

蓝八色鸫隶属于雀形目八色鸫科。体长22–24厘米。雄鸟头顶前部浅黄色，头顶后部及枕部亮橘红色，头顶中部有一黑色条纹，黑色过眼纹延伸至颈侧，上体及尾部蓝色，飞羽外侧黑色带有白色斑点，下体浅蓝灰色，密布黑色斑点和斑纹；雌鸟似雄鸟，但颜色较暗，上体深橄榄色，尾羽及腰部蓝色，下体偏灰白色。分布于东南亚半岛。栖息于常绿森林及竹林，喜河岸附近。主要捕食昆虫。营圆形巢于乔木枝杈中，每窝产卵4–5枚，卵亮白色，密布紫棕色和黑色的斑点及条纹。

529. 大蓝八色鸫

Giant Pitta（*Hydrornis caeruleus*）

大蓝八色鸫隶属于雀形目八色鸫科。体长25–29厘米。雄鸟头部浅灰色，顶冠部分有黑色横纹，头顶中部至枕部黑色，过眼纹及颈环黑色，上体及尾部天蓝色，翅膀内侧及肩部黑色，下体为较浅的金黄色；雌鸟整体偏棕色，头顶至枕部密布横纹，上体及两翼红棕色，腰部及尾羽蓝色。分布于马来西亚南部、泰国南部、马来半岛、苏门答腊岛及婆罗洲。栖息于低海拔的茂密林地，喜有沼泽的生境。主要捕食虫类及小型脊椎动物。营圆形巢于棕榈植物上，每窝产卵2–3枚，卵白色覆棕色斑点。

图书在版编目（CIP）数据

亚洲鸟类 /（英）约翰·古尔德著；宋刚等编.
--北京：中国青年出版社，2016.10
ISBN 978-7-5153-4542-0

Ⅰ.①亚… Ⅱ.①约… ②宋… Ⅲ.①鸟类—亚洲—图集
Ⅳ.①Q959.708-64

中国版本图书馆CIP数据核字（2016）第253235号

责任编辑：彭　岩
*
中国青年出版社出版 发行
社址：北京东四12条21号　邮政编码：100708
网址：www.cyp.com.cn
编辑部电话：（010）57350407　门市部电话：（010）57350370
鸿博昊天科技有限公司印刷　新华书店经销
*
710×1000　1/16　70.25印张　18插页　115千字
2017年1月北京第1版　2020年2月北京第3次印刷
本书如有印装质量问题，请凭购书发票与质检部联系调换
联系电话：（010）57350337

定价：318.00元（套）